室内设计尺寸图解

小家放大器

理想·宅 编著

人民邮电出版社
北京

图书在版编目（ＣＩＰ）数据

小家放大器 ：室内设计尺寸图解 / 理想·宅编著
. -- 北京 ：人民邮电出版社，2023.12
ISBN 978-7-115-62539-7

Ⅰ．①小… Ⅱ．①理… Ⅲ．①室内装饰设计－尺寸测
量－图解 Ⅳ．①TU238.2-64

中国国家版本馆CIP数据核字（2023）第158862号

内 容 提 要

本书分为 10 章，对应住宅的 10 个常见功能空间。针对每个功能空间，本书都给出了多种布局方案和相应的空间尺寸要求，以及家具尺寸参考和电路设计数据指导等。本书内容贴近室内空间设计实际需求，力避复杂数据堆积和大段文字阐述，将各种尺寸数据放在立体化场景图中进行展示，读者可一目了然。

不论是室内设计师还是普通业主，都可以通过本书快速、有效地解决装修过程中涉及的常用尺寸问题。

◆ 编　　著　理想·宅
　　责任编辑　王　冉
　　责任印制　马振武

◆ 人民邮电出版社出版发行　　北京市丰台区成寿寺路 11 号
　　邮编　100164　　电子邮件　315@ptpress.com.cn
　　网址　https://www.ptpress.com.cn
　　三河市中晟雅豪印务有限公司印刷

◆ 开本：889×1194　1/32
　　印张：7.5　　　　　　　　　　2023 年 12 月第 1 版
　　字数：262 千字　　　　　　　2023 年 12 月河北第 1 次印刷

定价：59.80 元

读者服务热线：(010)81055410　印装质量热线：(010)81055316
反盗版热线：(010)81055315
广告经营许可证：京东市监广登字 20170147 号

前言

尺寸对于生活很重要。在室内空间设计方面，除了要达到美观的要求，还要有能让使用者感觉舒适的尺寸设计。好的尺寸拿捏，会让人感觉室内空间很大。本书正是一本让尺寸说话的讲室内空间设计的书。

本书分为10章，分别介绍了玄关、客厅、餐厅、厨房、主卧、儿童房、衣帽间、书房、卫生间和阳台的多种布局方案，给出了不同布局的空间尺寸要求，以及家具尺寸参考和电路设计数据指导等。读者可以直接运用这些布局和尺寸数据，非常方便。

本书最鲜明的优点是，围绕室内活动展开立体化场景。

其一，本书所有内容都是围绕人的室内活动展开的，不会出现无关、无用的内容，而且每个数据都是有据可依的，这就保证了实用性。

其二，目前市面上的室内设计数据手册，大多只是简单地给出平面布局图，再标注上尺寸，呈现方式很死板。本书打破了二维局限，将室内空间场景立体化，立体展示尺寸，这样的方式不仅能展示更多维度的尺寸，而且满足了读者轻松阅读、快速理解的需求。

总之，本书对于室内设计师来说是一本实用的工具书，对于想要装修的普通业主来说也是一本可以轻松学习的参考书。

"数艺设" 教程分享

本书由"数艺设"出品，"数艺设"社区平台（www.shuyishe.com）为您提供后续服务。

与我们联系

我们的联系邮箱是 szys@ptpress.com.cn。如果您对本书有任何疑问或建议，请您发邮件给我们，并请在邮件标题中注明本书书名及ISBN，以便我们更高效地做出反馈。

如果您有兴趣出版图书、录制教学课程，或者参与技术审校等工作，可以发邮件给我们。如果学校、培训机构或企业想批量购买本书或"数艺设"出版的其他图书，也可以发邮件联系我们。

关于"数艺设"

人民邮电出版社有限公司旗下品牌"数艺设"，专注于专业艺术设计类图书出版，为艺术设计从业者提供专业的图书、视频电子书、课程等教育产品。出版领域涉及平面、三维、影视、摄影与后期等数字艺术门类，字体设计、品牌设计、色彩设计等设计理论与应用门类，UI设计、电商设计、新媒体设计、游戏设计、交互设计、原型设计等互联网设计门类，环艺设计手绘、插画设计手绘、工业设计手绘等设计手绘门类。更多服务请访问"数艺设"社区平台 www.shuyishe.com。我们将提供及时、准确、专业的学习服务。

目录

第 9 章　卫生间

第 10 章　阳台

第 1 章
玄关

玄关是成套住房中从进门到厅之间的空间，一般是打开家门后第一眼就能看到的空间。玄关不但能起到空间过渡作用，而且具有储物功能。然而，大多数家庭的玄关面积并不大，这种情况下该如何规划出一个既不拥挤又有一定储物功能的玄关呢？本章给出了能同时满足通行和储物需求的最小玄关空间的布置方法，以及让玄关变得宽敞明亮的灯具安装方法。

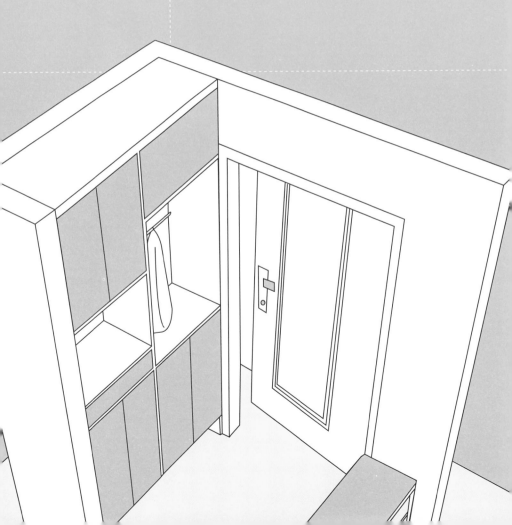

1. 放玄关柜的玄关开间不能小于150cm

如果一字形户型想设置玄关柜，那么玄关的开间不能小于150cm，这样在靠一侧横墙设计深度为30cm的玄关柜后，能留出宽度不小于120cm的通道。玄关柜的宽度可根据玄关的进深确定，但最少要有80cm，这样才能满足收纳需求。

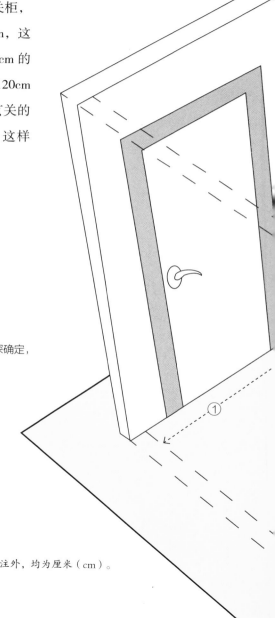

① 玄关通道的宽度不小于120cm

② 玄关柜的深度为30~40cm

③ 玄关柜的宽度可根据玄关的进深确定，但最少要有80cm

注 本书图中数据单位，除有特殊标注外，均为厘米（cm）。

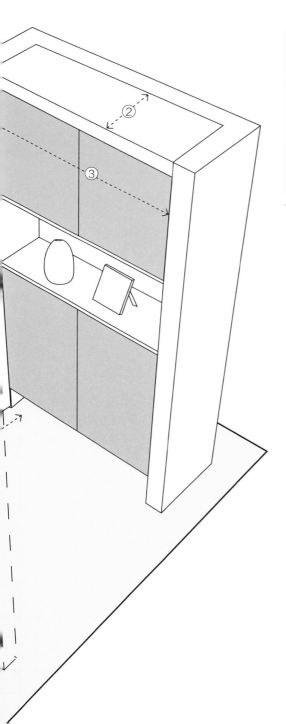

玄关柜的深度

玄关柜的深度通常为30~40cm，以35cm为佳（可平放45码以内的鞋），深度达到40cm时可以放下普通鞋盒。如果玄关的开间不足，那么玄关柜可采用斜式层板设计，深度可调整为20cm。

2. 开门见墙，玄关柜最好靠玄关纵墙放置

开门见墙，可以考虑靠玄关纵墙设计一排玄关柜或者换鞋凳。需要注意，如果入户门是朝外开的，那么玄关的进深要不小于 120cm，这样在放置深度为 30cm 的玄关柜后，能留出宽度不小于 90cm 的通道；如果入户门是向内开的，那么玄关进深要更大，保证入户门开启后与玄关柜柜面垂直时两者之间的距离不小于 75cm。

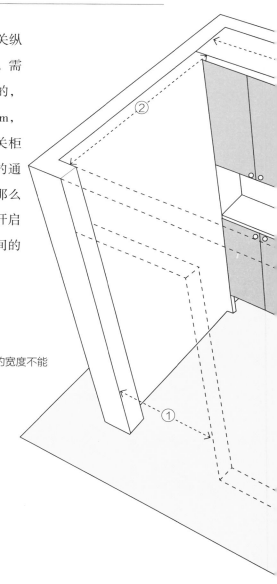

① 入户门的宽度为 80cm

② 如果入户门朝外开，那么玄关通道的宽度不能小于 90cm

③ 玄关柜的宽度不应小于 80cm

④ 玄关柜的深度宜为 30~40cm

⑤ 换鞋凳的高度为 30~40cm

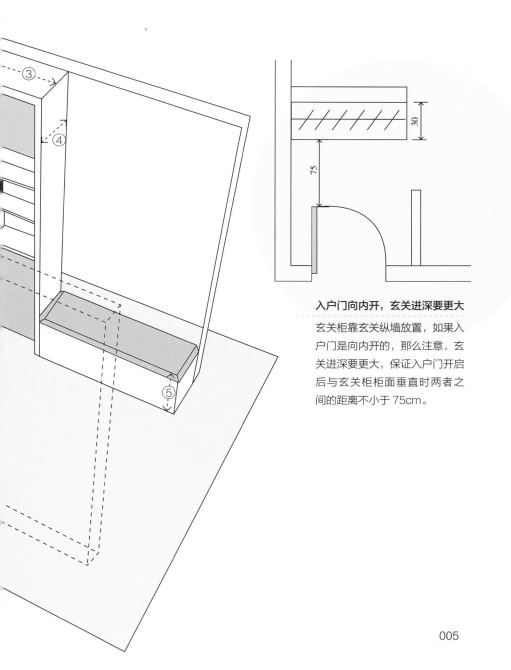

入户门向内开，玄关进深要更大

玄关柜靠玄关纵墙放置，如果入户门是向内开的，那么注意，玄关进深要更大，保证入户门开启后与玄关柜柜面垂直时两者之间的距离不小于 75cm。

3. 双侧玄关柜布局

如果玄关两侧墙体之间的距离在 160cm 以上，那么可以考虑设计双侧玄关柜，或者一侧玄关柜、一侧换鞋凳，中间留出 90cm 以上宽度的通道。

① 玄关通道的宽度至少 90cm，让人感觉比较舒适的则在 120cm 以上

② 换鞋凳的座深可以比玄关柜的深度大，为 35~45cm

③ 玄关柜的深度为 30~40cm

④ 玄关柜的宽度最少为 80cm

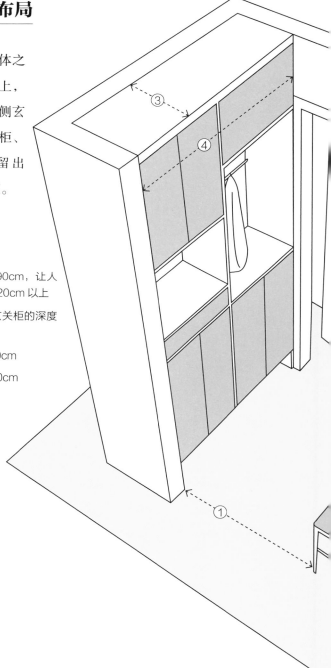

②

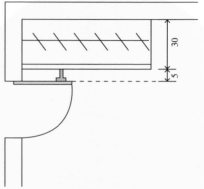

玄关柜位于入户门后方时，注意加装长度为5cm的门挡

如果入户门向内开，玄关柜位于入户门后方，为了避免入户门打开时撞到玄关柜，可以加装长度为5cm的门挡，那么入户门门轴离放玄关柜的侧墙至少35cm。

4. 开放式玄关的布局

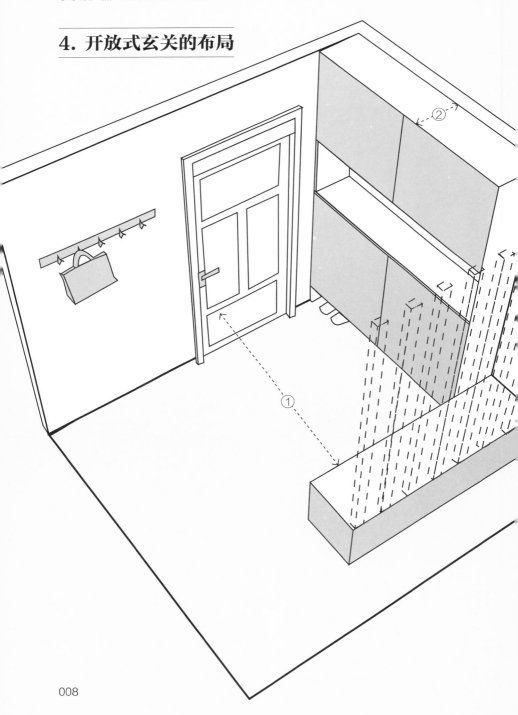

　　开放式玄关就是常说的无玄关，通常打开入户门后就是客厅或餐厅，此时可以做个小隔断，从而阻断视线。

　　进门后左边和右边空间都较大的户型可以直接在入户门旁沿墙设置玄关柜。

① 玄关通道的宽度至少为 120cm

② 玄关柜的深度为 30~40cm

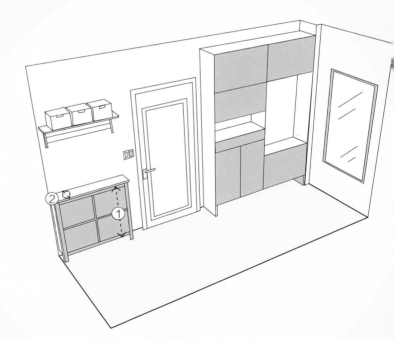

① 窄玄关柜的高度为 105cm

② 窄玄关柜的深度为 15~25cm

5. 玄关柜前留出 90cm 以上的通道宽度

一个成年人活动的空间宽度为 50~60cm，按理说玄关柜前的通道宽度最小保留 50cm 即可，但考虑到人经常会在玄关柜前蹲下或就座换鞋，这些动作所需的空间宽度为 90cm，因此玄关柜前的通道宽度至少保留 90cm，这样才不会让人感到局促。

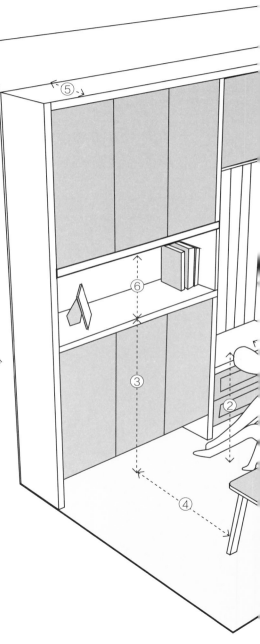

① 人就座换鞋时所需的活动空间宽度至少为 90cm

② 人就座换鞋时的高度为 90~100cm

③ 玄关柜地柜的高度为 105cm

④ 玄关通道的宽度不小于 90cm

⑤ 玄关柜的深度为 30~40cm

⑥ 玄关柜中部开放格的高度为 35cm

通道宽度的设置

在日常生活中，通道的宽度不应仅以人的肩宽（47cm）为标准，而应该有更细致的考虑。

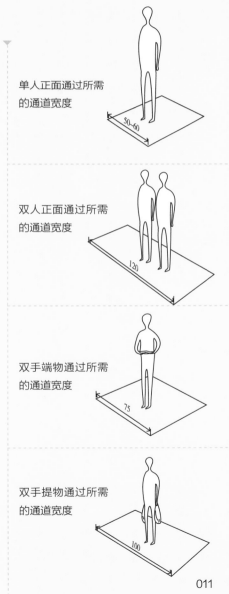

单人正面通过所需的通道宽度

50~60

双人正面通过所需的通道宽度

120

双手端物通过所需的通道宽度

75

双手提物通过所需的通道宽度

100

011

6. 玄关的 5 种无主灯设计

（1）装射灯

对于喜欢氛围感的家庭，可以试试在玄关装射灯。射灯将光线照射在墙上，空间会有明显的明暗变化，可以增强氛围感。射灯可以满足基本的照明需求，但是相对于筒灯来说会比较暗。

不同光束角的灯具可营造出不同的灯光效果。灯具光束角越大，照亮范围越大。

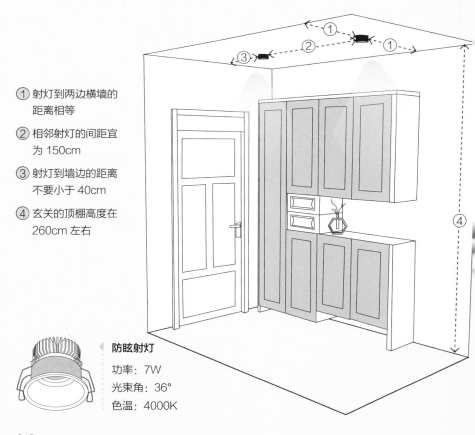

① 射灯到两边横墙的距离相等

② 相邻射灯的间距宜为 150cm

③ 射灯到墙边的距离不要小于 40cm

④ 玄关的顶棚高度在 260cm 左右

防眩射灯

功率：7W

光束角：36°

色温：4000K

（2）装筒灯

喜欢明亮感的家庭，可以试试在玄关装筒灯。与射灯相比，筒灯亮度均匀，能够照亮空间的大多数地方，且不会留下过重的阴影，但空间会失去氛围感。

筒灯
功率：7W
光束角：110°
色温：4000K

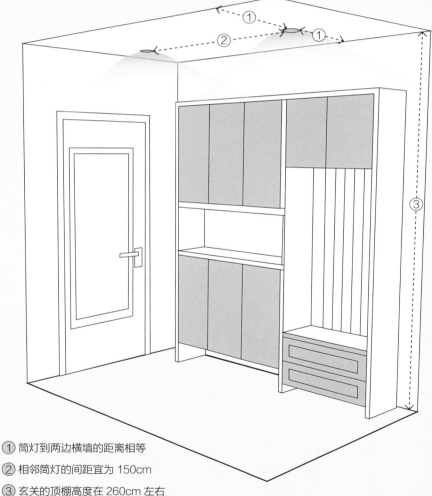

① 筒灯到两边横墙的距离相等

② 相邻筒灯的间距宜为 150cm

③ 玄关的顶棚高度在 260cm 左右

（3）装磁吸轨道灯

磁吸轨道灯也比较适合喜欢明亮感的家庭，可以满足基本的照明需求。磁吸轨道灯可根据需求灵活换灯，安装相对简单，但是地面亮度可能偏暗。

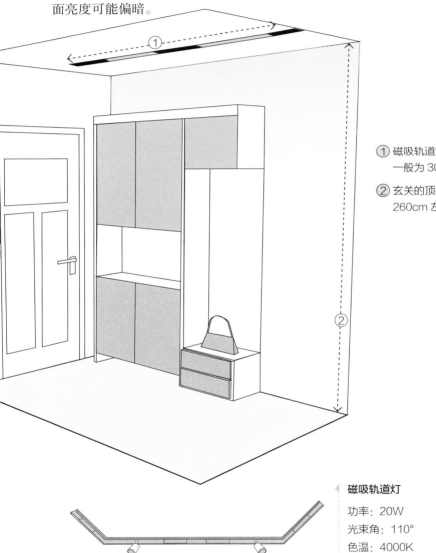

① 磁吸轨道灯的长度
一般为 300cm

② 玄关的顶棚高度在
260cm 左右

◀ **磁吸轨道灯**

功率：20W
光束角：110°
色温：4000K

（4）装线性灯

线性灯的光线柔和，会比射灯更暗些，比较适合想突出氛围感的家庭。线性灯一般需要搭配回字形吊顶来设计，因此玄关的面积不能过小，否则会显得压抑。

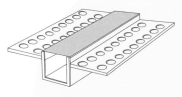

线性灯

每米功率：12W
色温：4000K

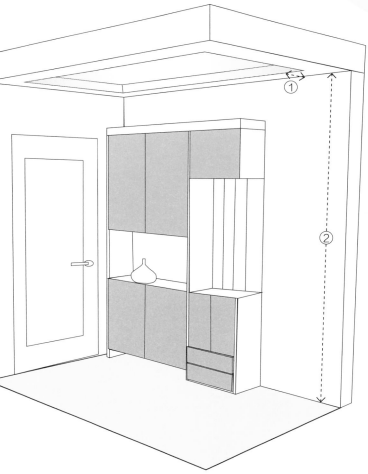

① 线性灯灯槽一般距离墙边 30~40cm

② 玄关的顶棚高度在 260cm 左右

（5）装射灯和线性灯

装射灯和线性灯有明暗变化和层次感，更能突出氛围。

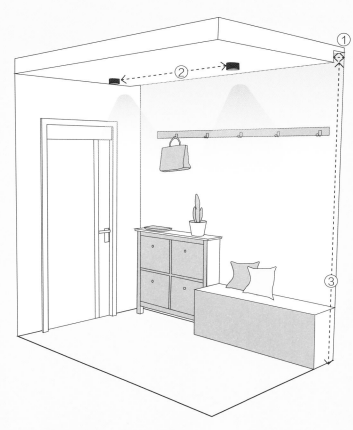

① 线性灯灯槽的宽度
在 15cm 左右

② 相邻射灯的间距宜
为 150cm

③ 玄关的顶棚高度在
260cm 左右

防眩射灯

功率：7W

光束角：36°

色温：4000K

线性灯

每米功率：12W

色温：4000K

7. 隐藏在玄关柜中的间接照明

　　玄关放置的玄关柜用于收纳鞋子等物品，而顶部的照明照射不到玄关柜中，或者会在玄关柜中产生阴影，导致看不清楚。因此需要在玄关柜里加入灯具，这样不仅能照亮玄关柜，还能为玄关增添氛围感。

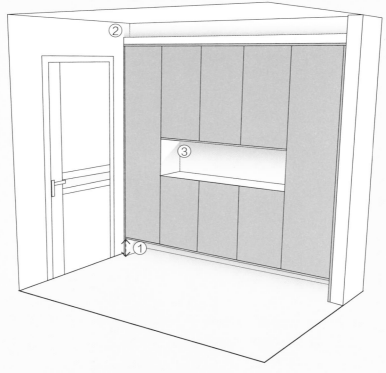

① 玄关柜下方装设灯带，装设位置距离地面 20cm 以上

② 在玄关柜顶部设置灯光时需注意，灯带与玄关柜外棱的间隔大约是 3cm

③ 在玄关柜中部留空的柜格顶部安装灯带，需要注意灯带两头各空出 10cm 左右，方便维修

8. 玄关预留 2~3 个插座

可以在玄关入口处设计 2 个双控开关，高度为 130cm，分别控制玄关和客厅的灯具。建议玄关预留 2~3 个插座，供烘鞋器、扫地机器人等使用。玄关通常配置有强电箱、弱电箱、小夜灯，其安装高度分别为 170cm、30cm、15cm。

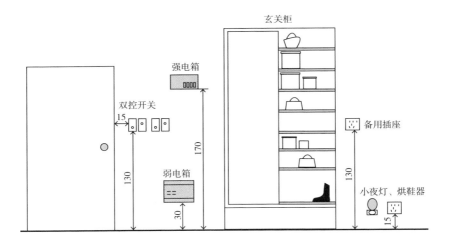

第 2 章

客厅

客厅一直以来都是家里的"核心区域"，在客厅可以进行很多活动，比如看电视、聊天、玩乐、健身……针对不同的活动需要，客厅空间怎么规划？家具如何布置？这些都是让人头疼的问题。一旦尺寸规划不当，住起来会很不舒服，而且有些设计很难再改动。本章不仅给出了常规客厅的布局尺寸，也给出了适合不同人群的客厅布局方案与尺寸，帮助大家布置出自己喜欢又舒适的客厅。另外，客厅灯具安装和插座分布的数据也一同呈现，能极大地方便客厅环境设计。

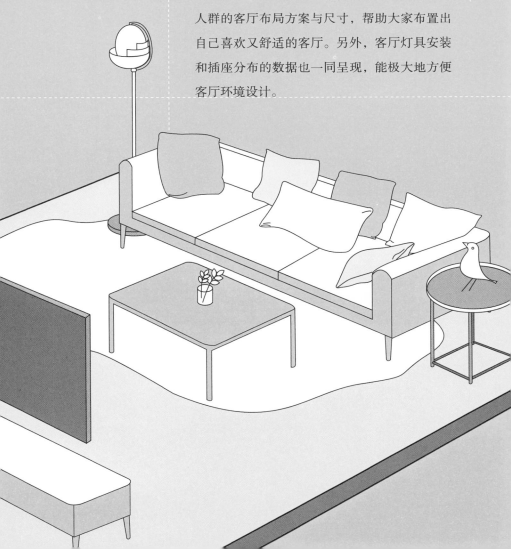

1. 放得下三人位沙发的最小空间

　　客厅最基础的布局是以电视机为中心进行安排的。这种布局的布置尺寸主要由电视柜、茶几和沙发三者之间的距离确定，最小的布置尺寸可以满足三口之家的生活需求，对空间的要求也不高，只要客厅面积大于 $6m^2$ 就能套用（沙发左右不放东西）。

　　客厅开间小于进深，选择竖厅布局，沙发和电视机都靠墙布置。

① 三人位沙发的座高为 35~42cm

② 三人位沙发的座深为 80~90cm

③ 三人位沙发的长度为 210~240cm

如何确定沙发与茶几的距离

沙发与茶几的最小距离是30cm，再小的话会影响就座及起身；如果希望坐下来时能伸展双腿，那么舒适距离为55~60cm。

最小距离

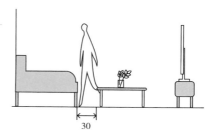

30

舒适距离

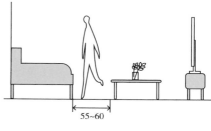

55~60

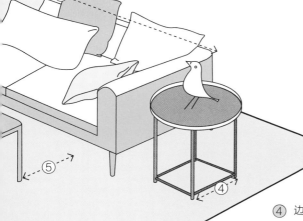

④ 边几的边长为 45~60cm

⑤ 茶几与沙发边的距离不小于 30cm

⑥ 茶几的宽度为 45cm

⑦ 茶几的高度为 45cm

⑧ 茶几到电视柜的最小距离为 70cm

⑨ 电视柜的高度为 40~45cm

⑩ 电视柜的深度至少为 45cm

⑪ 电视柜的宽度最好左右各比电视机多出 20~30cm

（1）客厅沙发的长度可以根据客厅的进深来确定

一般来说，沙发长度约为客厅进深减去 100~160cm。

① 客厅进深为 350~400cm，可以选择单独放一款三人位沙发（长度为 210~240cm）

② 客厅进深为 400~600cm，可以放 3+1 人位沙发（即三人位沙发 + 单人沙发）或 L 形沙发（长度为 280~340cm）

③ 客厅进深大于 600cm，可以放 3+1+1 人位沙发

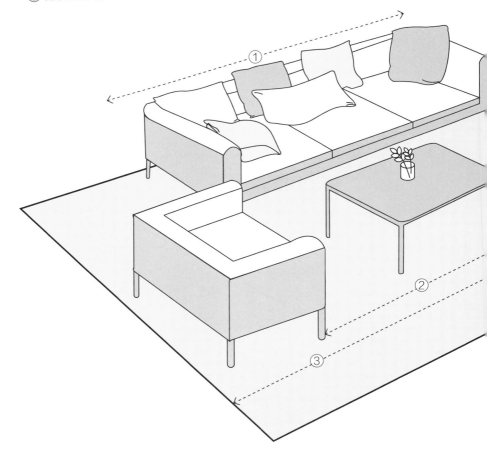

（2）沙发的座深和靠背高度按使用习惯确定

沙发的座深和靠背高度可以根据使用需求和使用者身材确定。空间比较紧凑的话，可以选择常规沙发；如果空间比较宽敞，使用者又喜欢躺在沙发上，则可以适当增加沙发的座深和靠背高度。

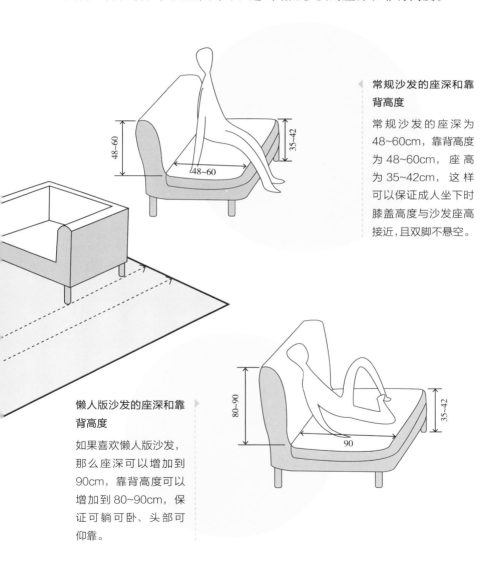

常规沙发的座深和靠背高度

常规沙发的座深为48~60cm，靠背高度为48~60cm，座高为35~42cm，这样可以保证成人坐下时膝盖高度与沙发座高接近，且双脚不悬空。

懒人版沙发的座深和靠背高度

如果喜欢懒人版沙发，那么座深可以增加到90cm，靠背高度可以增加到80~90cm，保证可躺可卧、头部可仰靠。

2. 11.7㎡的客厅就能满足四口之家使用需求的布置

要满足 4 个以上的人同时使用客厅的需求，可以考虑摆放 3+1 人位沙发。这样的布局只要客厅开间在 350cm 以上、进深在 335cm 以上即可。因为面积足够，所以通行宽度可以规划为较为舒适的 120~150cm，满足两人同时通行的需求。

① 三人位沙发的座高为 35~42cm

② 三人位沙发的长度为 210~240cm

③ 茶几到沙发的距离为 30~40cm

④ 茶几的高度为 45cm

⑤ 茶几的宽度为 45~60cm

⑥ 茶几到电视柜的距离为 120~150cm

客厅沙发的常见尺寸

根据客厅面积的不同，可以选择不同尺寸的沙发或沙发组合。

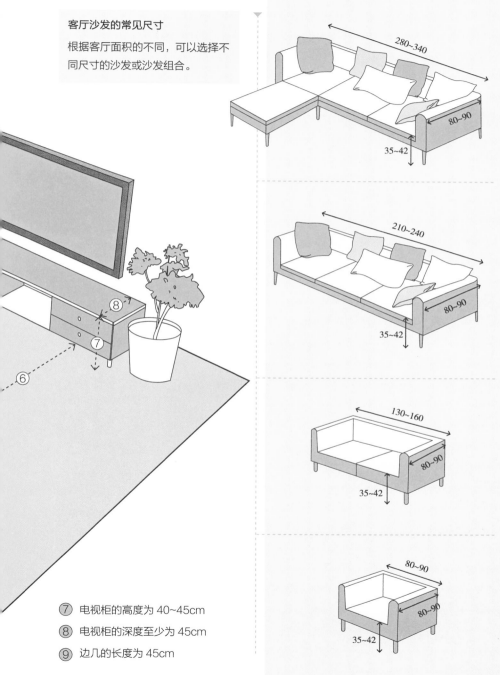

⑦ 电视柜的高度为 40~45cm

⑧ 电视柜的深度至少为 45cm

⑨ 边几的长度为 45cm

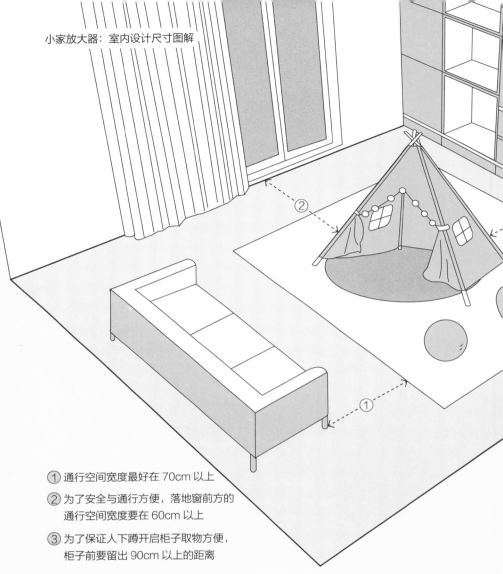

① 通行空间宽度最好在 70cm 以上

② 为了安全与通行方便，落地窗前方的
通行空间宽度要在 60cm 以上

③ 为了保证人下蹲开启柜子取物方便，
柜子前要留出 90cm 以上的距离

（1）客厅变成儿童游乐场

传统的客厅布局通常是摆放"沙发＋茶几＋电视"这样的经典
组合，满足的功能主要是亲友串门会客、家人聚会看电视。现在可
以去掉茶几和电视，将沙发前的区域变成孩子的活动区域，将放电
视的地方改放收纳柜。

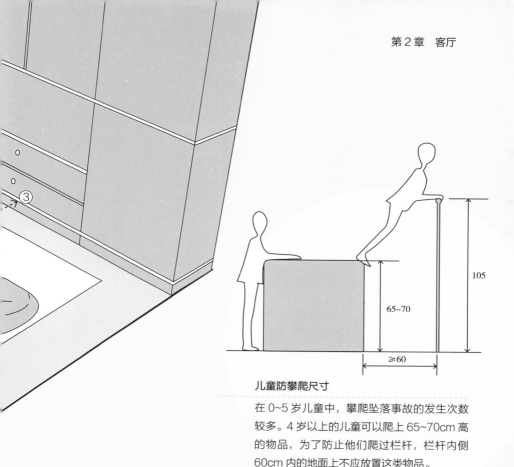

儿童防攀爬尺寸

在 0~5 岁儿童中，攀爬坠落事故的发生次数较多。4 岁以上的儿童可以爬上 65~70cm 高的物品，为了防止他们爬过栏杆，栏杆内侧 60cm 内的地面上不应放置这类物品。

儿童栏杆标准

我国 4 岁儿童的平均身高为 103.7cm，栏杆的整体高度最好大于 115cm，同时栏杆底部不宜留空，防止儿童被卡住。

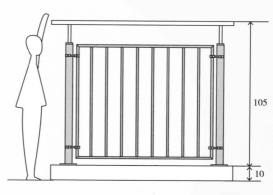

（2）"去客厅"变成居家办公书房

虽然客厅不再摆放电视机，但并不代表客厅就不能拥有视听功能，可以在合适位置安装投影仪，将白色的画板漆墙面或隐藏的幕布作为投影背景，解决视听的需求。客厅中央摆放一张书桌，书桌背后可以做整墙书柜，只要书桌到书柜的距离合适即可。

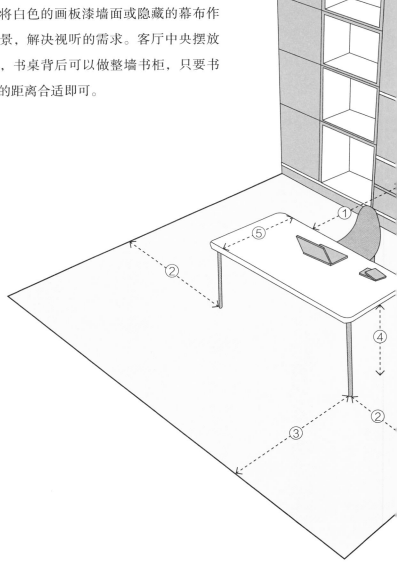

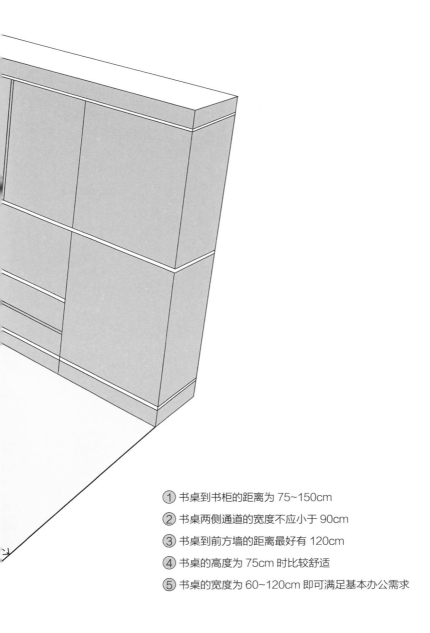

① 书桌到书柜的距离为 75~150cm

② 书桌两侧通道的宽度不应小于 90cm

③ 书桌到前方墙的距离最好有 120cm

④ 书桌的高度为 75cm 时比较舒适

⑤ 书桌的宽度为 60~120cm 即可满足基本办公需求

3. 客厅开间大于进深，选择横厅布局

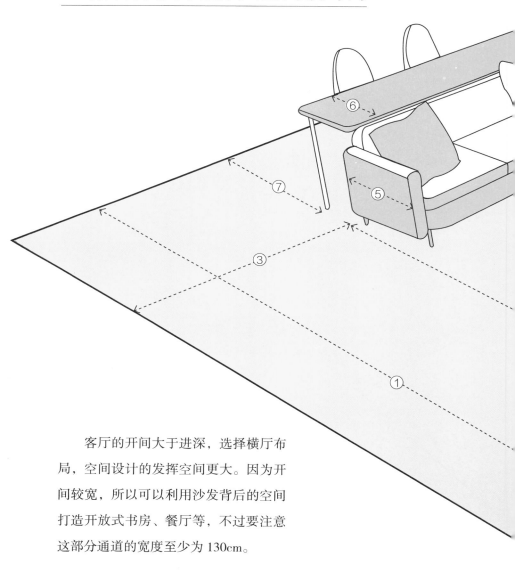

　　客厅的开间大于进深，选择横厅布局，空间设计的发挥空间更大。因为开间较宽，所以可以利用沙发背后的空间打造开放式书房、餐厅等，不过要注意这部分通道的宽度至少为130cm。

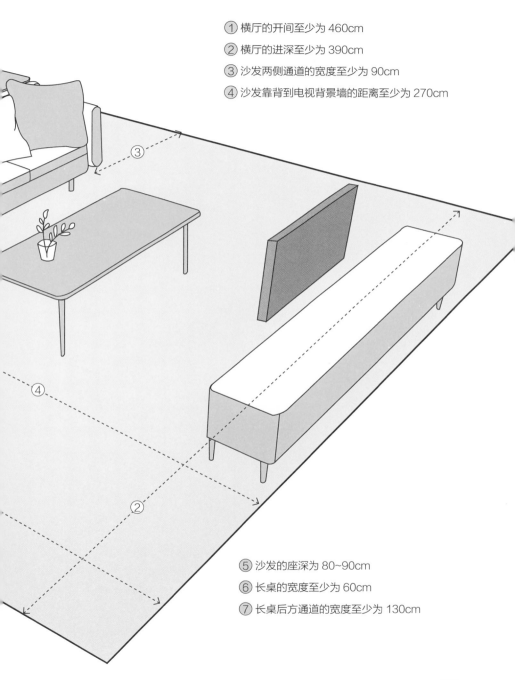

① 横厅的开间至少为 460cm

② 横厅的进深至少为 390cm

③ 沙发两侧通道的宽度至少为 90cm

④ 沙发靠背到电视背景墙的距离至少为 270cm

⑤ 沙发的座深为 80~90cm

⑥ 长桌的宽度至少为 60cm

⑦ 长桌后方通道的宽度至少为 130cm

（1）沙发到电视机的距离可根据电视机的大小确定

沙发到电视机的距离通常可根据电视机的大小确定。例如，60英寸的电视机，至少需要设置 250cm 的视听距离；70 英寸的电视机，至少需要设置 350cm 的视听距离；80 英寸的电视机，至少需要设置450cm 的视听距离。

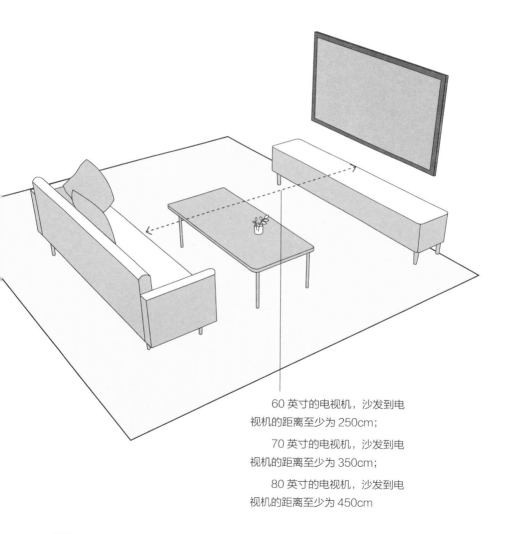

60 英寸的电视机，沙发到电视机的距离至少为 250cm；

70 英寸的电视机，沙发到电视机的距离至少为 350cm；

80 英寸的电视机，沙发到电视机的距离至少为 450cm

（2）电视机的最佳悬挂高度

　　电视机的最佳悬挂高度（这里的悬挂高度是指电视机屏幕中心点到地面的距离）取决于沙发的座高和人的身高。成人坐着时视平线的高度一般为 103~130cm，通常电视机屏幕中心点的高度要比坐姿视平线的高度低 10cm，因此电视机的最佳悬挂高度一般为 93~120cm。

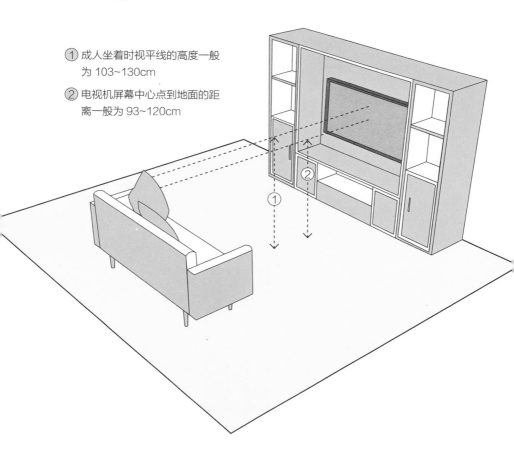

① 成人坐着时视平线的高度一般
　 为 103~130cm

② 电视机屏幕中心点到地面的距
　 离一般为 93~120cm

4. 回字形吊顶的灯具选择

　　客厅回字形吊顶的常规边吊的宽度是40cm，如果均分开灯孔，那么灯具与墙的距离一般在20cm以内。这种情况下，尽量选择光束角为50°~70°的筒灯或者光束角为30°~40°的射灯。这样不仅能解决光型的问题，还能避免中心光束过强带来的不舒适感。

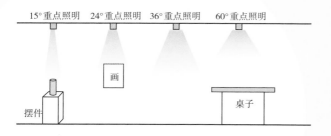

15°重点照明　24°重点照明　36°重点照明　60°重点照明

画

摆件　　　　　　　　　　　　　　桌子

不同光束角的灯具可营造出不同的灯光效果

灯具的光束角越大，照亮范围越大。

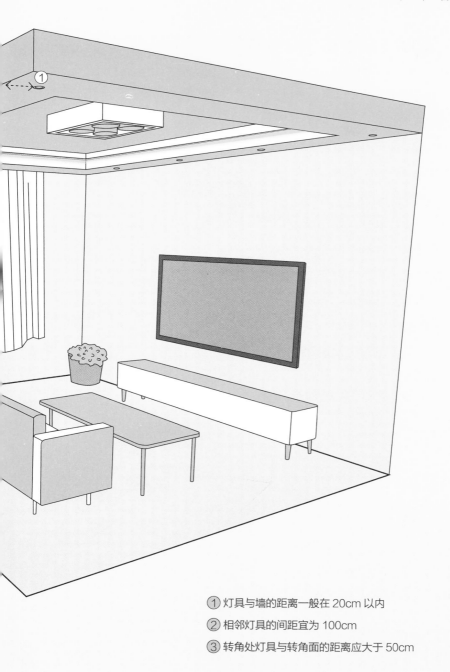

① 灯具与墙的距离一般在 20cm 以内

② 相邻灯具的间距宜为 100cm

③ 转角处灯具与转角面的距离应大于 50cm

5. 双眼皮吊顶在 30cm 宽的边吊下仅可安装射灯

传统回字形吊顶边吊的宽度一般为 40cm，侧边可以做灯带，下面装射灯或筒灯；双眼皮吊顶边吊的宽度缩小到 30cm，边吊下仅可安装射灯。为了增强层次感，边吊上面会再用石膏板走一圈，两层之间的落差为 3~5cm。对于层高不高的空间来说，双眼皮吊顶可以最大限度地保持层高。

① 射灯与墙的距离一般在 15cm 以内

② 相邻射灯的间距宜为 100cm

③ 转角处射灯与转角面的距离应大于 50cm

窄边双眼皮吊顶最常用的灯具

窄边双眼皮吊顶把边吊宽度缩小到 5cm，绕着客厅走一圈。
为了增强层次感，在第一圈的基础上稍微提高高度，再走一圈。
窄边双眼皮吊顶最常用的灯具是明装射灯、轨道射灯。

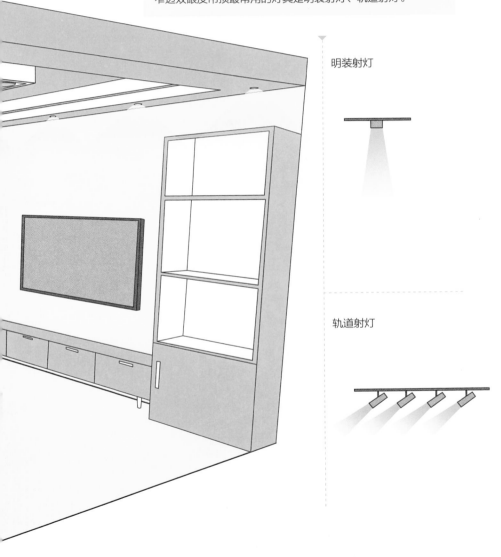

明装射灯

轨道射灯

6. 悬浮吊顶运用线性灯打造悬浮感

悬浮吊顶是在吊顶和墙面接触的地方设计了光槽，当灯光打亮时，整个吊顶仿佛悬浮在空中，因此被称为悬浮吊顶。悬浮吊顶常使用线性灯，灯隐藏在吊顶中，出光槽的宽度一般为 10~15cm。

① 磁吸轨道灯与墙的距离为 50~80cm

② 茶几上方的射灯间距为 20~30cm

③ 出光槽的宽度为 10~15cm

悬浮吊顶的 3 种线性灯出光方式

侧面出光

石膏板拼接留缝，搭配带反边的线性灯，这样出光效果的一致性和连贯性比较好。墙面上部分比较亮，灯光逐渐过渡到墙面下部分。

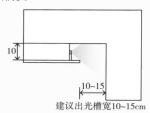

建议出光槽宽10~15cm

45°出光

灯槽内放三角形灯带卡槽，天花板做工相对简单，灯具安装比较方便，但是光线比侧面出光方式少。

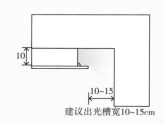

建议出光槽宽10~15cm

向上出光

出光槽到墙有一定距离，光线打在墙上比较少，但能均匀照亮下方的活动区域。

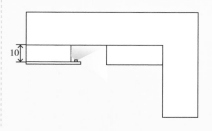

7. 客厅预留 13~16 个插座

客厅空间一般分为电视机区和沙发区，电视机区一般需要预留 6~8 个插座，沙发区一般需要预留 7~8 个插座。需要注意的是，挂墙式电视机和底座式电视机的安装方式不同，插座的布置也不同。

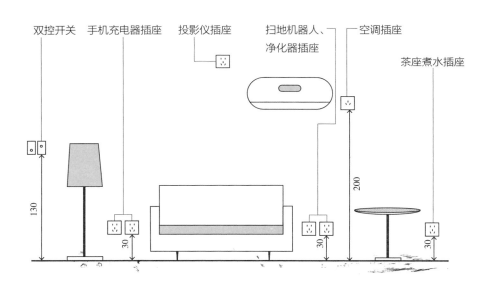

插座的类别 ▶			
五孔插座	**带开关的五孔插座**	**四孔插座**	**斜五孔插座**
最常见的五孔插座，有时无法同时供两种电器使用	五孔插座带有开关，可减少电器插拔的次数	多用在电视柜、床头柜等两孔插座使用较多的地方	五孔插座的改良版，可同时供两种电器使用，注意不要过载

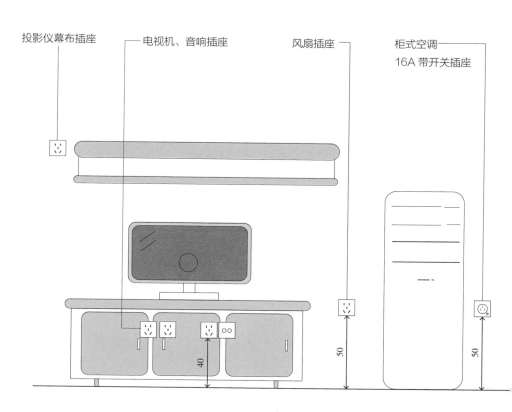

投影仪幕布插座　　　电视机、音响插座　　　风扇插座　　　柜式空调
16A 带开关插座

USB 插座

新兴插座，缺点是电
流不稳、价格较贵，
优点是使用方便

地插

多用在餐桌、书桌
下，通常附近没有
墙壁

16A 三孔插座

适用于空调、电烤
箱等大功率电器

8. 客厅隐藏电线和插座的 3 种方法

（1）电视柜旁的电线和插座的隐藏方法

　　传统电视柜上会摆放电视机等设备，这些设备的电线往往直接露在外面，显得非常杂乱。如果想把电线隐藏起来，可以在电视机后方的墙上开槽，预埋一根 5cm 粗的塑料管，然后把电视机的电源线等从里面穿过去，插座则可以隐藏在电视柜里，这样整个电视背景墙看上去就会很整齐。

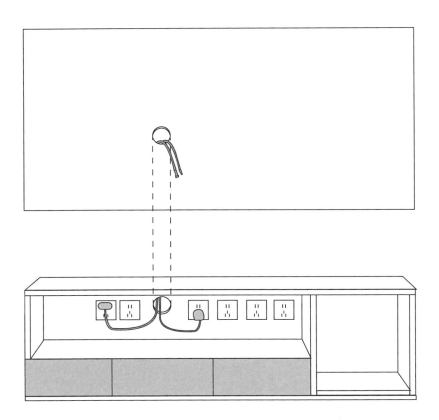

（2）定制电视柜的电线和插座隐藏方法

　　定制电视柜会提前设计一个开放格来放电视机等。电线的隐藏方法一般有两种：一种是直接在电视柜层板上打孔，这种方法比较简单，但电线还是会暴露一段；另一种是在电视柜背板上打孔，然后将线从后面穿过去，这种方法可以完全隐藏电线，但是电视柜不能完全靠墙，需要留出 5cm 的间距。

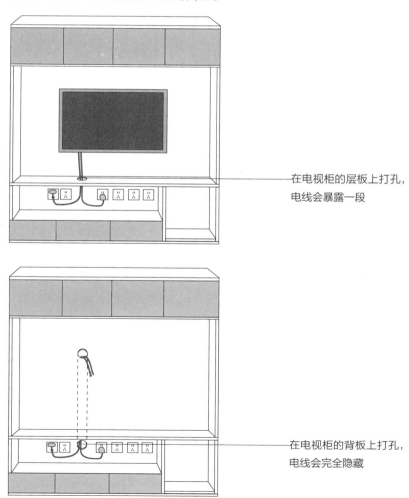

在电视柜的层板上打孔，
电线会暴露一段

在电视柜的背板上打孔，
电线会完全隐藏

（3）办公书桌上的电线和插座的隐藏方法

在客厅中我们常会摆放书桌来增加办公功能，书桌上会有很多电器设备，比如电脑、打印机、音响等，它们的电线如果摆放不好会很杂乱。这种情况下，可以设计一个地插，并在空心管桌腿上打两个洞，然后把插座固定在书桌下面，把插座的电线从上方的洞穿进桌腿，从下方的洞引出后再接到地插上，这样书桌的桌面看上去会非常整洁。

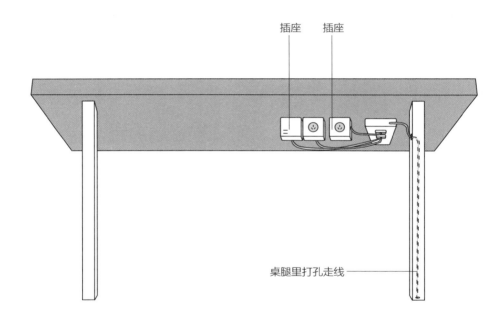

插座　　　插座

桌腿里打孔走线

第 3 章

餐厅

　　餐厅的布置看上去很简单，只要放一张餐桌和几把餐椅就可以了，最多再放一个餐边柜。但是，看似简单的布局，也有需要注意的地方：最合适的餐桌尺寸、餐桌椅周围的通道宽度、餐边柜到餐桌椅的距离……一旦忽略这些尺寸，就可能导致餐厅不够舒适。本章着重介绍一体化餐厅的布置尺寸，以及餐桌椅、餐边柜等餐厅家具的布置尺寸，以便充分利用空间。另外还给出了灯具安装的尺寸和电路设计数据，以便塑造出更有氛围感、更为舒适的就餐环境。

1. 客餐厅合一的穿行空间至少 90cm宽

有时候餐厅会与客厅相连，从而形成一体式的布局。客餐厅一体式布局最需要注意的是餐桌椅周围的通道宽度，如果通道处在其他动线上，则要留出至少90cm宽的穿行空间，以方便正常过人。

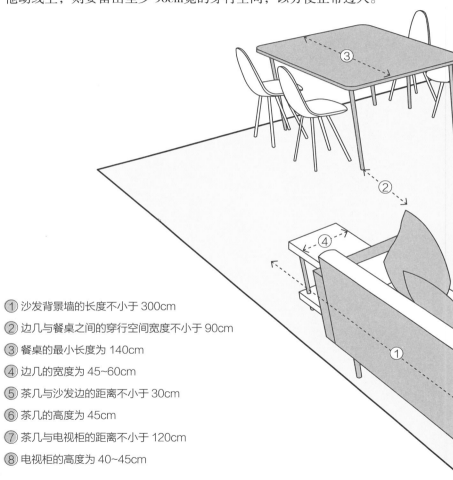

① 沙发背景墙的长度不小于 300cm

② 边几与餐桌之间的穿行空间宽度不小于 90cm

③ 餐桌的最小长度为 140cm

④ 边几的宽度为 45~60cm

⑤ 茶几与沙发边的距离不小于 30cm

⑥ 茶几的高度为 45cm

⑦ 茶几与电视柜的距离不小于 120cm

⑧ 电视柜的高度为 40~45cm

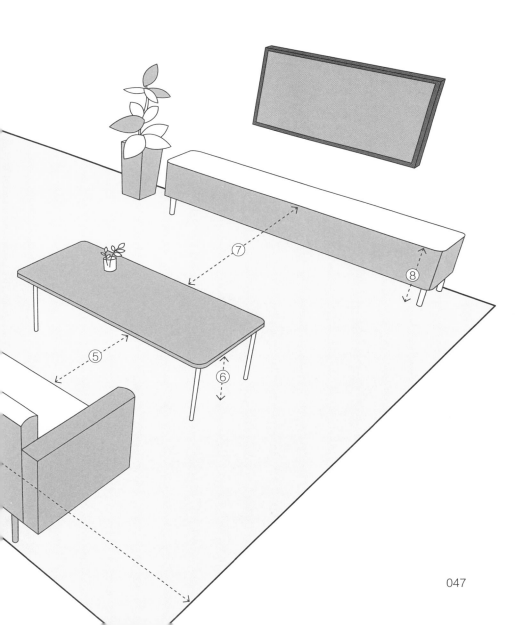

2. 独立式餐厅的最小面积为 $5.25m^2$

一般而言，设置独立式餐厅比较适合面积较大的户型，因为需要给餐厅单独划出一块区域。独立式餐厅的最小面积为 $5.25m^2$，此种布局只需注意餐桌长边到墙的距离即可，以保证餐椅后方有足够的通行空间。

① 四人用餐桌的长度为 140cm

② 四人用餐桌的宽度为 100cm

③ 餐桌的高度宜为 75cm

④ 坐起来较舒适的餐椅座高为 45cm

⑤ 餐桌长边到墙的距离最小为 75cm

3. 餐厨一体的重合活动空间宽度要在 120cm 以上

在空间有限的情况下，厨房常以开放的形式与餐厅共用一个空间。通常餐桌会放在厨房中央，那么餐桌四周就需要留出足够的活动空间，确保厨房活动能正常进行。一般行走所需空间宽度为55cm，端着盘子行走所需空间宽度为75cm，餐椅的座深为45~60cm。如果餐椅后方是和厨房行走路线重合的空间，那么餐桌到厨柜的距离要在120cm 以上。

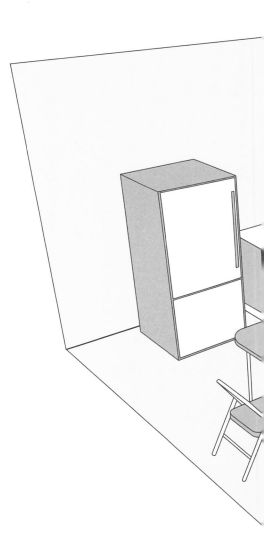

① 厨柜地柜的深度为 60cm

② 厨柜到餐桌的距离在 120cm 以上

③ 餐桌的高度宜为 75cm

④ 餐桌的长度为 140cm

⑤ 厨柜地柜的高度为 80~85cm

4. 餐边柜平行置于餐桌宽边一侧，两者的最小距离是 120cm

　　如果餐边柜平行置于餐桌宽边一侧，那么两者的最小距离是 120cm，这个距离可以让就座、通行和拿取物品这三个活动舒适地同时进行。

定制餐边柜的深度

餐边柜的常规深度为 40cm，但如果要安装嵌入式电器，那么深度需要达到 60cm。

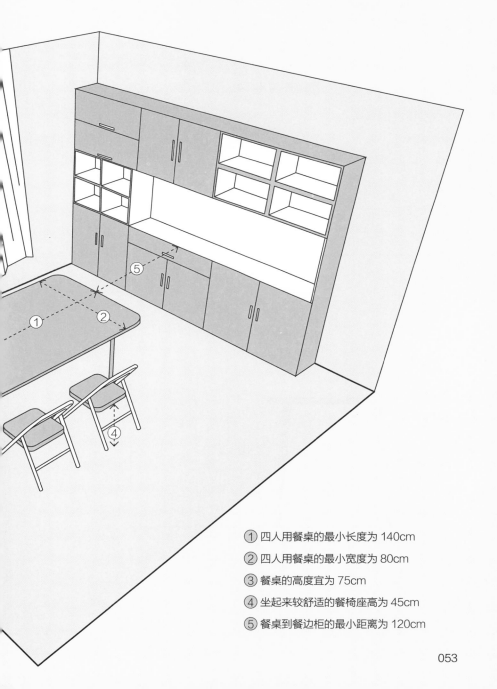

① 四人用餐桌的最小长度为 140cm

② 四人用餐桌的最小宽度为 80cm

③ 餐桌的高度宜为 75cm

④ 坐起来较舒适的餐椅座高为 45cm

⑤ 餐桌到餐边柜的最小距离为 120cm

5. 椅子放置区的长度

椅子的座深为 45~60cm，如果想轻松地将椅子拉出就座、起身，那么椅子放置区需要额外留出 30cm 的宽度，因此总共需要留出 75~90cm 的宽度。

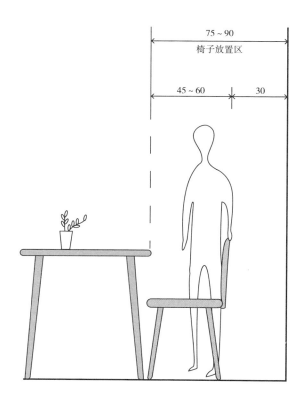

如果考虑椅子后方过人，那么椅子放置区需要再留出 55cm 以上的宽度。

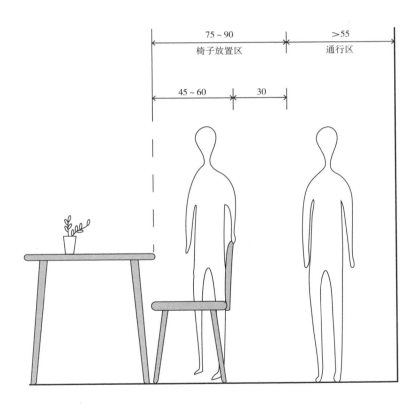

6. 舒适的餐桌高度为 75cm 左右

餐桌椅一般是购买成品的，使用起来较为舒适的规格如下：餐桌的高度为 75cm 左右，餐椅的座高为 45cm 左右、座深为 45~60cm。

① 餐桌的高度为 75cm 左右

② 坐起来较舒适的餐椅座高为 45cm 左右

③ 餐椅到餐桌的距离为 22~30cm 较好

7. 餐厅的吊灯要安装在餐桌正上方

餐厅需要有足够强的下照光线来突出餐桌面,创造吸引人的焦点,最常使用的灯具是吊灯。但是,与在其他空间把吊灯安装在天花板的中央不同,餐厅的吊灯应该安装在餐桌正上方 70~75cm 的高度。

餐厅吊灯的灯罩可选择半透光的材质

如果餐厅空间除吊灯之外没有其他辅助光源，那么吊灯的灯罩应选择半透光的材质，如布艺、玻璃等，以确保获得柔和舒适的光照环境。

① 餐厅吊灯的高度为餐桌正上方 70~75cm

② 餐桌的高度宜为 75cm

③ 坐起来较舒适的餐椅座高为 45cm

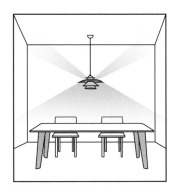

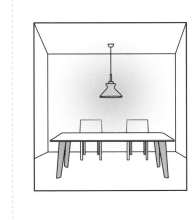

（1）单头吊灯直径或长度的确定

在餐厅采用单头吊灯时，圆形餐桌可用单头圆形吊灯，长方形餐桌可用一字形吊灯。

单头圆形吊灯的直径一般是餐桌直径的 1/3~1/2。比如直径为 150cm 的餐桌，可以选择直径为 50~75cm 的单头圆形吊灯。

如果是一字形吊灯，其长度是餐桌长度的 3/5~4/5。比如长度为 150cm 的餐桌，可以选择长度为 90~120cm 的一字形吊灯。

餐桌直径的1/3

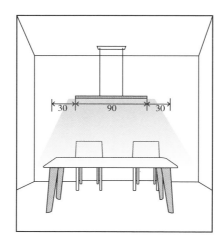

（2）组合吊灯长度的确定

在餐厅安装组合吊灯时，按照多个吊灯直径的合计长度计算，一般合计长度为餐桌长度的 1/3 比较合适。

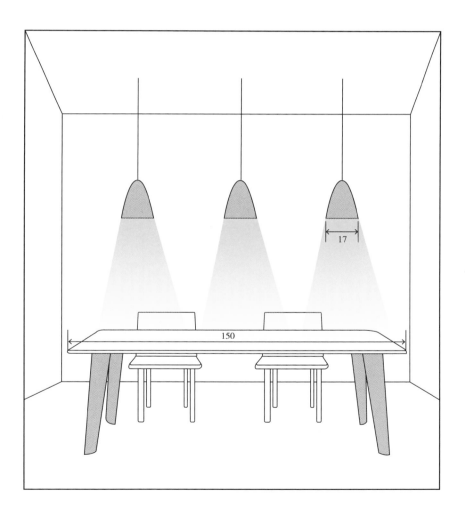

8. 无主灯设计用 2~4 个射灯照亮餐桌

　　餐桌上方可以不设置主灯，用射灯来照亮桌面。这时要注意，桌面材质不能是易反光的，否则射灯的强光会在桌面形成反射眩光。

　　如果用射灯来照亮桌面，建议使用透镜射灯，其中心光束不会太强，光线更柔和；光束角可根据射灯高度与桌面宽度来确定，常用 24°~30°。常规的 160cm 长的餐桌使用 3 个 5W 的射灯完全足够。

① 餐桌正上方装设 2~4 个射灯

② 内侧相邻射灯的间距为 50~70cm

③ 餐桌的高度宜为 75cm

④ 坐起来较舒适的餐椅座高为 45cm

9. 餐厅插座预留 4~5 个

　　考虑到餐厅会用到较多的小电器，比如烤箱、咖啡机、奶瓶消毒器等，可以预留 4~5 个插座。餐边柜上方的插座要比柜面高 20cm，冰箱用的插座高度在 50cm 左右。

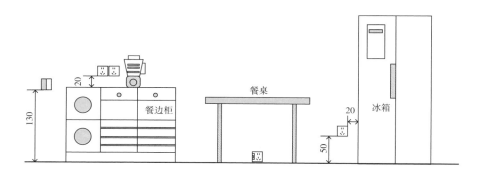

第 4 章
厨房

厨房布局的重点往往就一个，那便是厨柜的布置。厨柜的形式多种多样，因此适用于不同的厨房布局。本章针对不同的厨柜形式，提供了相应的厨房尺寸要求及厨柜本身的数据。此外，还针对灯具布置、电路设计给出了数据指导，大家可以根据厨房户型合理、充分地对空间进行布置，让厨房布局更人性化。

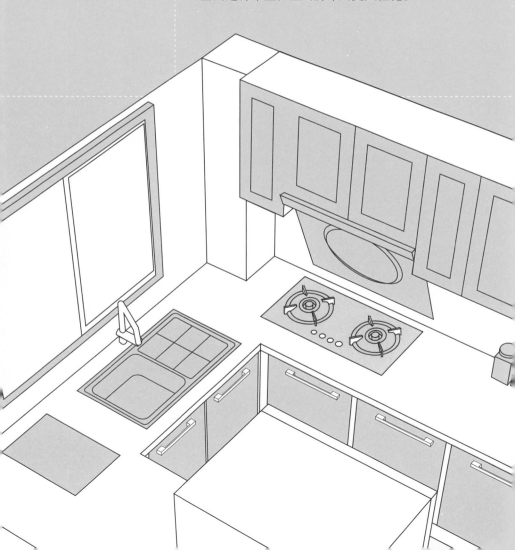

1. 一字形厨房布局的最小面积为 4.69m²

　　一字形厨房布局是将厨柜等放置在厨房的一侧，从而使整个做饭炒菜的动线成为一条直线。这种布局比较适合开间较窄的厨房。一字形厨房布局的开间至少要达到 150cm，进深至少要达到 312cm，这样才能够容纳基本设备并留出通行空间。

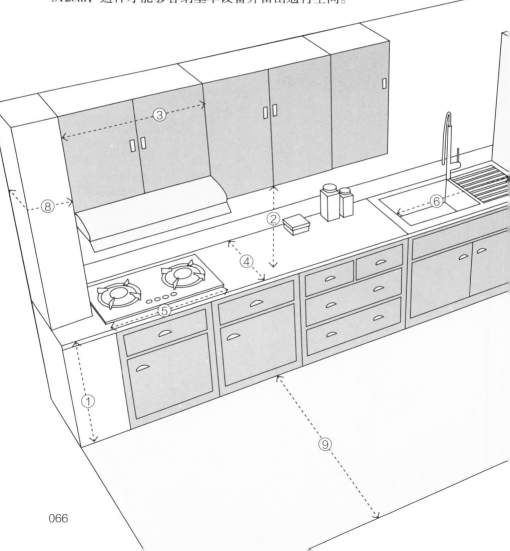

① 厨柜地柜的高度为 80~90cm

② 厨柜吊柜和地柜的间距为 70~80cm

③ 双开门厨柜吊柜的宽度为 90cm

④ 厨柜地柜的深度为 60cm

⑤ 灶台区的长度不小于 72cm，这样才能放得下燃气灶

水槽区尺寸

水槽区主要用于清洗食材和锅碗瓢盆等，常规长度为 60~90cm。如果厨房面积有限，那么水槽区最小长度可为 54cm。

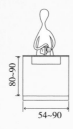

灶台区尺寸

灶台区是用于做饭和炒菜的区域，一般放置抽油烟机、灶具等设备，合适长度为 72~90cm。

⑥ 水槽区的长度为 54~90cm

⑦ 单开门冰箱的宽度为 60cm

⑧ 烟道的尺寸为 30cm×30cm

⑨ 厨房通道的宽度不小于 90cm

2. 适合狭长厨房的 L 形布局

L 形布局比较适合狭长的厨房，一般会将灶台设置在厨房短边，水槽和其他设备设置在厨房长边，但具体布置时还要考虑燃气管道、烟道和下水道的位置。L 形布局需要厨房开间在 150cm 以上，进深在 286cm 以上。

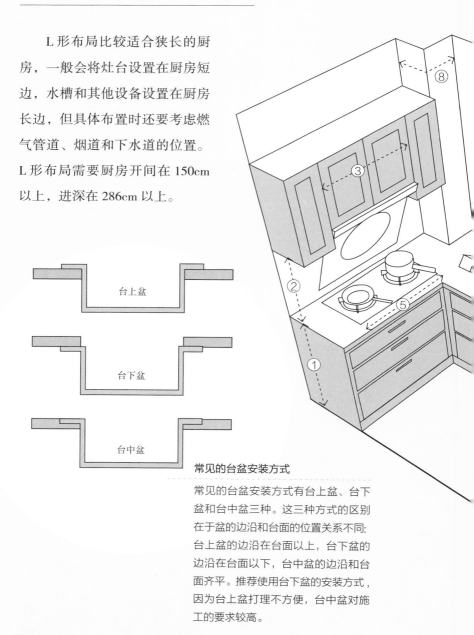

台上盆

台下盆

台中盆

常见的台盆安装方式

常见的台盆安装方式有台上盆、台下盆和台中盆三种。这三种方式的区别在于盆的边沿和台面的位置关系不同：台上盆的边沿在台面以上，台下盆的边沿在台面以下，台中盆的边沿和台面齐平。推荐使用台下盆的安装方式，因为台上盆打理不方便，台中盆对施工的要求较高。

① 厨柜地柜的高度为 80~90cm

② 厨柜吊柜和地柜的间距为 70~80cm

③ 双开门厨柜吊柜的宽度为 90cm

④ 厨柜地柜的深度为 60cm

⑤ 灶台区的长度不小于 72cm

⑥ 水槽区的长度为 54~90cm

⑦ 单开门冰箱的宽度为 60cm，双开门冰箱的宽度为 100cm

⑧ 烟道的尺寸为 30cm×30cm

⑨ 厨房通道的宽度不小于 90cm，否则会影响日常活动

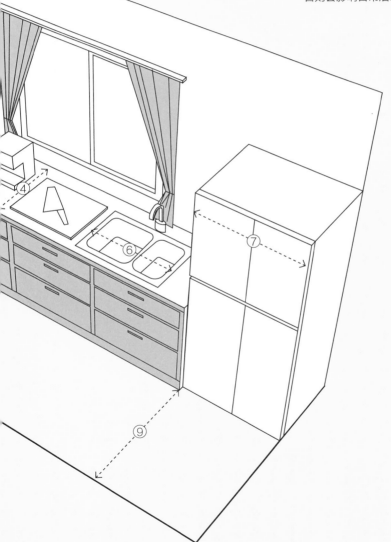

3. 通道式厨房的通道宽度不能小于 90cm

通道式厨房外一般还有一个生活阳台，厨房门正对着生活阳台，人需要穿过厨房才能到达生活阳台。通道式厨房布局会沿厨房两侧较长的墙并列布置厨柜，将水槽、配餐台、冰箱等设置在一侧，将灶台、储藏柜等设置在另一侧。这种布局要求厨房的进深和开间均在200cm以上，中间通道的最小宽度为90cm，适宜宽度为120cm。

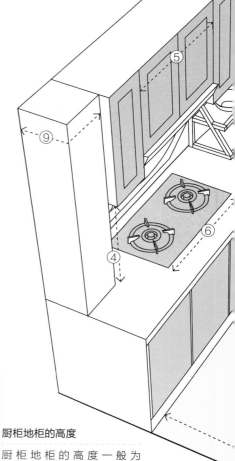

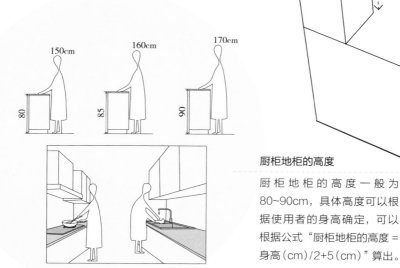

厨柜地柜的高度

厨柜地柜的高度一般为80~90cm，具体高度可以根据使用者的身高确定，可以根据公式"厨柜地柜的高度 = 身高（cm）/2+5（cm）"算出。

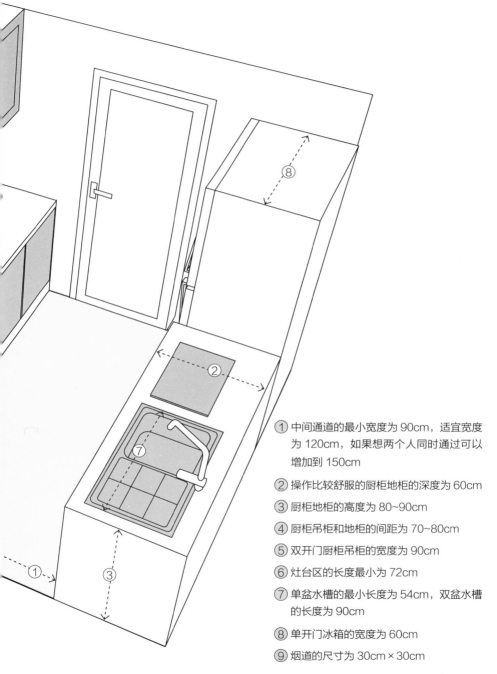

① 中间通道的最小宽度为 90cm，适宜宽度为 120cm，如果想两个人同时通过可以增加到 150cm

② 操作比较舒服的厨柜地柜的深度为 60cm

③ 厨柜地柜的高度为 80~90cm

④ 厨柜吊柜和地柜的间距为 70~80cm

⑤ 双开门厨柜吊柜的宽度为 90cm

⑥ 灶台区的长度最小为 72cm

⑦ 单盆水槽的最小长度为 54cm，双盆水槽的长度为 90cm

⑧ 单开门冰箱的宽度为 60cm

⑨ 烟道的尺寸为 30cm×30cm

4. U形厨房布局的开间不能小于200cm

U形厨房布局是在厨房三面墙都设置厨柜等，相互连接，操作台面长，储藏空间充足。厨柜围合而剩余的空间可供使用者站立，左右转身灵活方便。U形厨房布局的开间不能小于200cm，否则会比较局促，不如采用L形厨房布局。

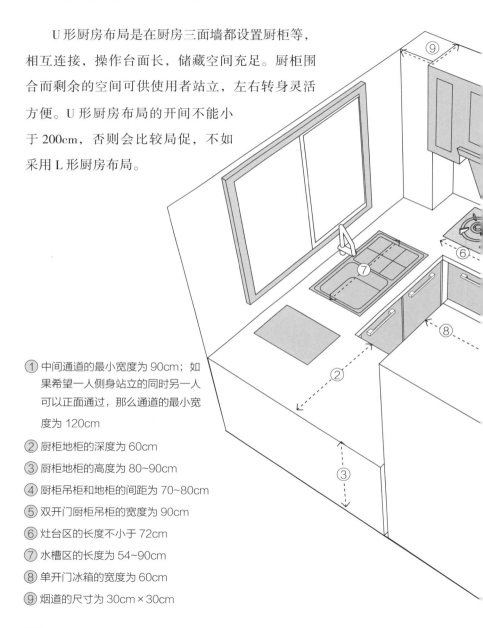

① 中间通道的最小宽度为90cm；如果希望一人侧身站立的同时另一人可以正面通过，那么通道的最小宽度为120cm

② 厨柜地柜的深度为60cm

③ 厨柜地柜的高度为80~90cm

④ 厨柜吊柜和地柜的间距为70~80cm

⑤ 双开门厨柜吊柜的宽度为90cm

⑥ 灶台区的长度不小于72cm

⑦ 水槽区的长度为54~90cm

⑧ 单开门冰箱的宽度为60cm

⑨ 烟道的尺寸为30cm×30cm

厨房转角柜的 3 种设计

钻石转角柜

优点：增加台面面积

缺点：柜门小，不方便拿东西；安装费用高

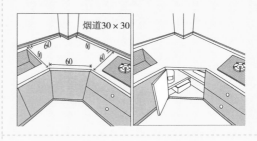

直角镂空转角柜

优点：有效利用空间，收纳力强

缺点：可能存在卫生死角

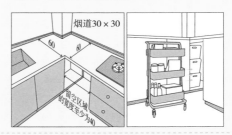

直角转角柜

优点：左右同时开门，拿东西方便

缺点：需要定制，安装费用高

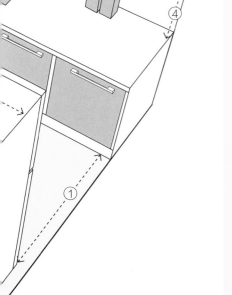

5. 小户型也可拥有岛台式厨房布局

　　岛台式厨房布局并不仅适用于大户型，对于开放式或半开放式厨房同样适用。岛台式厨房不仅储物空间多，还能根据需求调整功能区域的布置。岛台式厨房布局需要特别注意的是厨柜到中岛的距离，要保证最小值为90cm，适宜值为120cm。

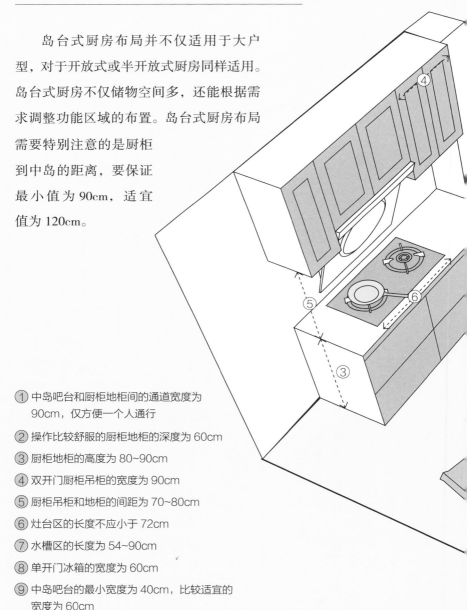

① 中岛吧台和厨柜地柜间的通道宽度为90cm，仅方便一个人通行

② 操作比较舒服的厨柜地柜的深度为60cm

③ 厨柜地柜的高度为80~90cm

④ 双开门厨柜吊柜的宽度为90cm

⑤ 厨柜吊柜和地柜的间距为70~80cm

⑥ 灶台区的长度不应小于72cm

⑦ 水槽区的长度为54~90cm

⑧ 单开门冰箱的宽度为60cm

⑨ 中岛吧台的最小宽度为40cm，比较适宜的宽度为60cm

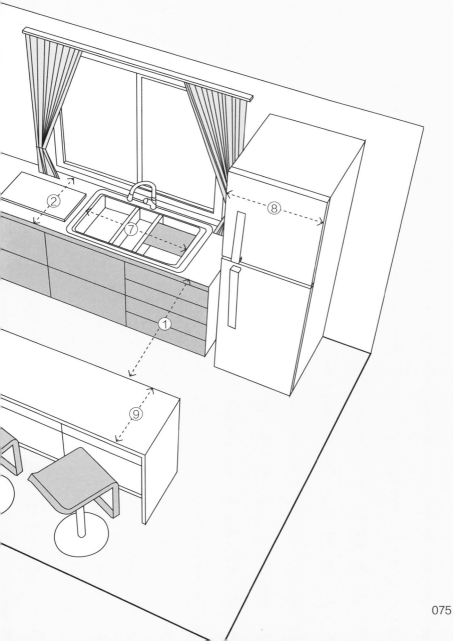

（1）水槽＋吧台中岛

常规的厨房中岛不设灶台或水槽，主要作为备餐区和储物区。现在流行的设计之一是在厨房中岛的一侧设计一个水槽，将另一侧设计成吧台，这样中岛既有洗菜、备餐的功能，还有就餐的功能，但要注意此时中岛的宽度要在 100cm 以上。

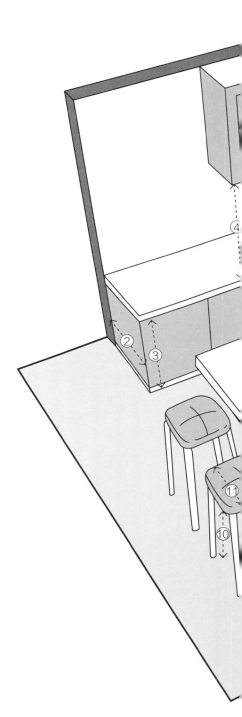

① 中岛到厨柜的最小距离为 90cm，比较适宜的距离为 120cm

② 厨柜地柜的深度为 60cm，可以让人进行舒适的操作

③ 厨柜地柜的高度为 80~90cm

④ 厨柜吊柜和地柜的间距为 70~80cm

⑤ 双开门厨柜吊柜的宽度为 90cm

⑥ 灶台区的长度不小于 72cm

⑦ 水槽区的长度为 54~90cm

⑧ 中岛的宽度不小于 100cm

⑨ 中岛的高度为 105cm

⑩ 吧台椅的高度为 75~80cm

⑪ 吧台椅的宽度为 45~60cm

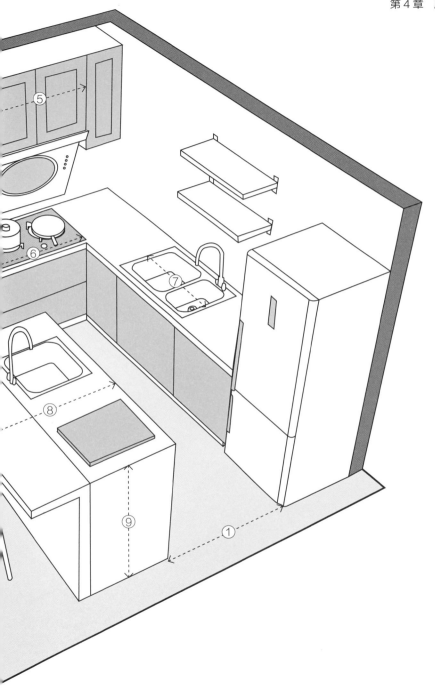

（2）灶台 + 水槽中岛

中岛上放置灶台和水槽的布局比较适合面积较大的厨房，因为中岛的长度要在 190cm 以上。由于可能需要重新设计水路、燃气管道等，因此造价较高。

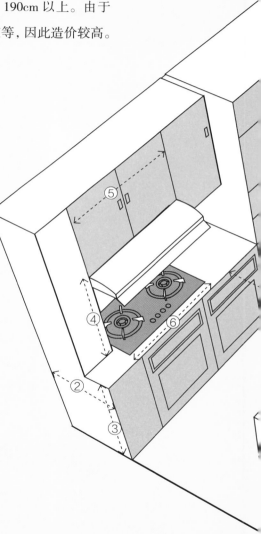

① 中岛和厨柜间的通道，适宜宽度为 120cm

② 厨柜台面的深度为 60cm，勉强可以放得下燃气灶等设备

③ 厨柜地柜的高度为 80~90cm

④ 厨柜吊柜和地柜的间距为 70~80cm

⑤ 双开门厨柜吊柜的宽度为 90cm

⑥ 单眼灶台的长度为 54cm，常规双眼灶台的长度为 72cm

⑦ 水槽区的长度为 54~90cm

⑧ 中岛能满足两个人就座的最小长度为 190cm

⑨ 中岛的宽度最好超过 120cm

⑩ 中岛的高度为 105cm

⑪ 吧台椅的高度可调节，但坐起来比较舒适的高度为 75~80cm

⑫ 吧台椅的宽度为 45~60cm

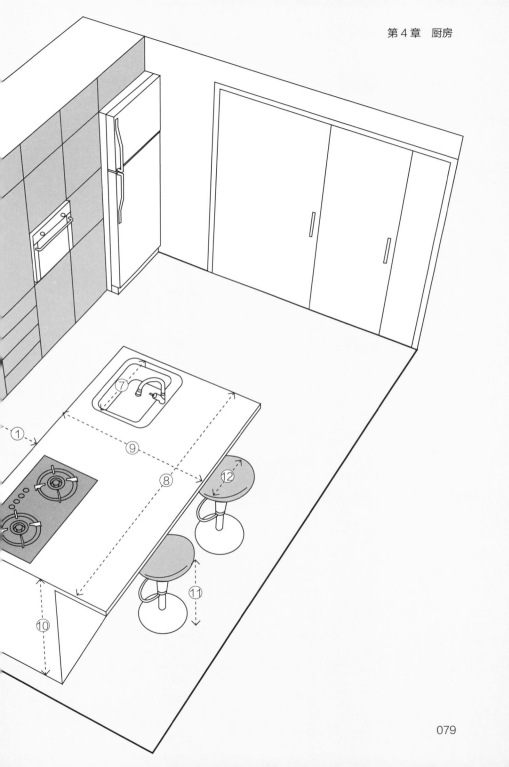

6. 厨柜吊柜和地柜的间距一般为 70~80cm

厨柜吊柜的深度为 30~35cm，吊柜和地柜的间距一般为 70~80cm，这样可以放心地安装抽油烟机。如果吊柜下方不是灶台区，不用安装抽油烟机，那么吊柜和地柜的间距可以适当缩小到 56cm。

抽油烟机和灶台面的间距

常见的抽油烟机款式有 3 种：顶吸式抽油烟机、侧吸式抽油烟机和集成灶式抽油烟机。它们和灶台面的间距各不相同。

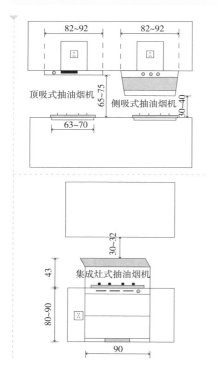

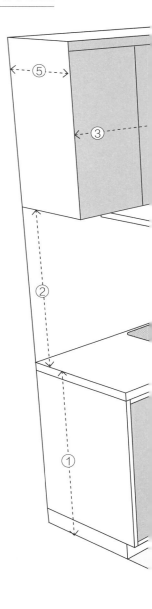

① 厨柜地柜的高度为 80~90cm

② 厨柜吊柜和地柜的间距为 70~80cm

③ 双开门厨柜吊柜的宽度为 90cm

④ 厨柜地柜的深度为 60cm

⑤ 厨柜吊柜的深度为 30~35cm

7. 高柜的深度与地柜的保持一致，均为 60cm

在做定制厨柜时经常要做高柜，高柜一般用于安装各种嵌入式电器或作为收纳柜使用，所以其深度与地柜的一样，均为 60cm。高柜的高度和吊柜的相近，而宽度一般根据墙面和嵌入式电器的尺寸确定。

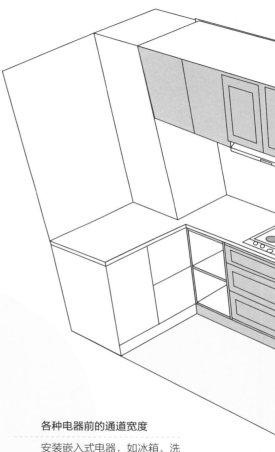

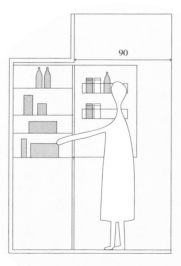

各种电器前的通道宽度

安装嵌入式电器，如冰箱、洗碗机，需要考虑它们前方的通道宽度是否足够，一般预留 90cm 以上就能方便地打开电器门取出物品。

① 高柜的深度为 60cm

② 高柜的高度为 220~240cm

③ 放冰箱处的预留宽度为冰箱实际宽度加 20cm
（冰箱左右各空 10cm）

④ 放烤箱、洗碗机处的预留宽度为 60cm

⑤ 储物柜的宽度为 45~60cm

⑥ 开放柜的宽度为 20~40cm

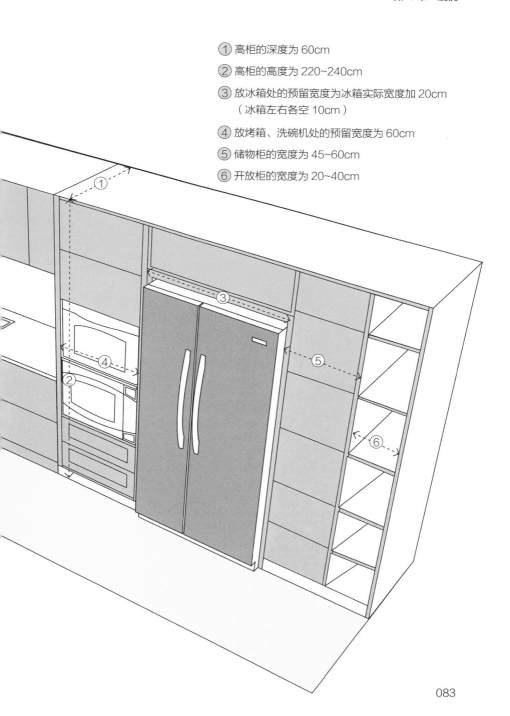

（1）嵌入式冰箱需预留散热空间

对于散热方式不同的冰箱，定制厨柜高柜时需要预留的尺寸也不同。左右散热的冰箱，左右两侧各预留 10cm，上方预留 2cm；上下散热的冰箱，左右两侧各预留 2cm，上方预留 10cm；后面散热的冰箱，冰箱背面到墙面间预留 8~10cm，左右两侧各预留 2cm，上方预留 10cm。

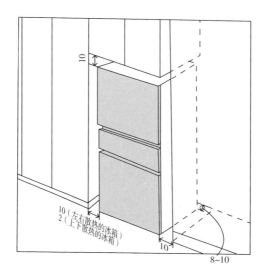

冰箱常见尺寸（深 × 宽 × 高）

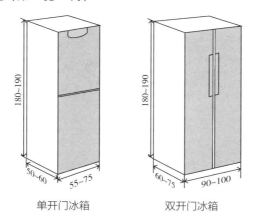

单开门冰箱   双开门冰箱

（2）嵌入式烤箱、洗碗机的预留尺寸

厨柜高柜中常会嵌入烤箱、洗碗机，它们通过叠放的方式统一设计在高柜中。如果在高柜中增加蒸箱，那么洗碗机只能选择 8 套规格的。

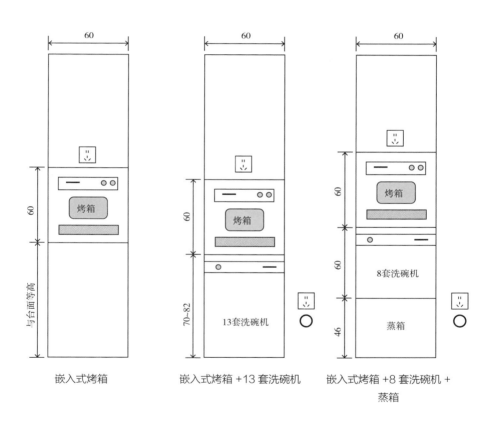

嵌入式烤箱　　　　　嵌入式烤箱 +13 套洗碗机　　　嵌入式烤箱 +8 套洗碗机 +
　　　　　　　　　　　　　　　　　　　　　　　　　　　　　蒸箱

8. 吊柜底部安装线性灯以确保台面光亮足够

在定制厨柜时，可以在厨柜中预留电源线路，在吊柜底部安装线性灯，为台面带来均匀的光线，以解决人背对房顶光源时看不清台面的问题。

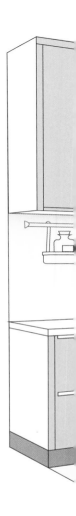

厨柜线性灯的安装方法

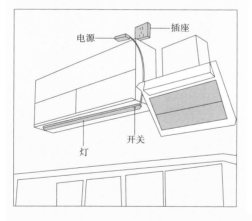

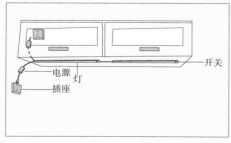

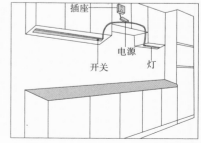

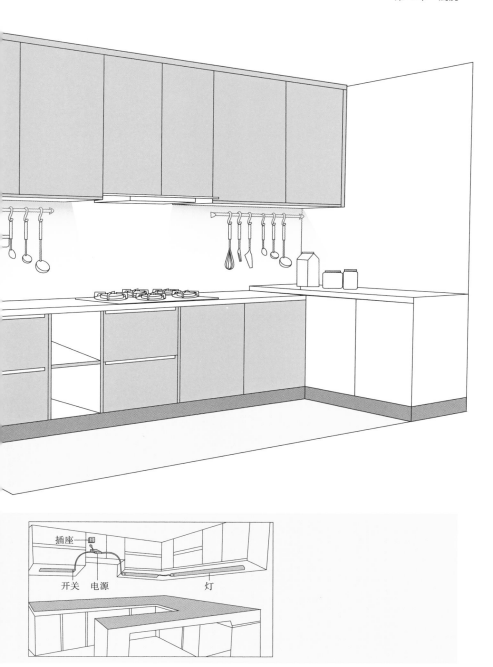

插座
开关　电源
灯

9. 厨房顶部的灯具距离吊柜 30~40cm

厨房的基础照明常通过在天花板上安装筒灯或射灯实现，一般筒灯选择光束角为 60° 以上的，射灯选择光束角为 36° 或 38° 并带深度防眩晕效果的。一般在厨房顶部距离吊柜 30~40cm 的位置安装一组筒灯或射灯，小于这个距离容易产生眩光，超过这个距离则人在使用时可能会挡光。

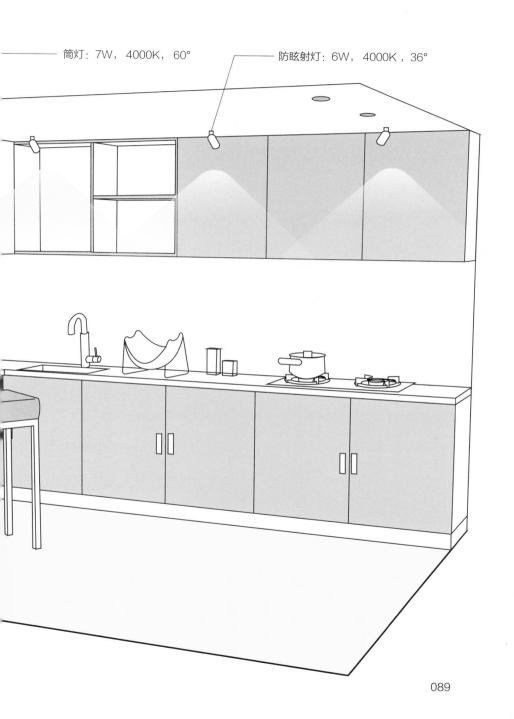

筒灯：7W，4000K，60°

防眩射灯：6W，4000K，36°

10. 厨房插座预留 7~10 个

厨房中涉及多种家用电器的使用，所以最好多预留几个插座，以免后期不够用。水槽附近可以预留 3~4 个插座，方便后期垃圾处理器、净水器、洗碗机、小厨宝的安装；炉灶上方可以为抽油烟机预留 1~2 个插座；备餐区可以预留几个带开关的插座，供电饭煲、空气炸锅等小厨电使用；如果要定制蒸箱、烤箱、洗碗机、冰箱等，那么需要再预留 3~4 个插座。

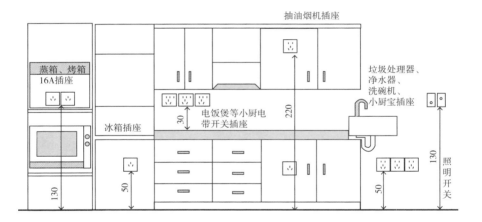

第 5 章

主卧

主卧是一个相对私密的空间，整体布局以床为中心展开。主卧最主要的家具是床和衣柜，本章给出了不同主卧布局中衣柜与床的位置关系，以及床周围通道的合理尺寸。此外，还针对灯具布置、电路设计给出了数据指导。有了这些数据，我们就可以合理地布置主卧家具，在拥有足够储物空间的前提下，让起居非常顺畅，同时保障其他活动的正常进行。

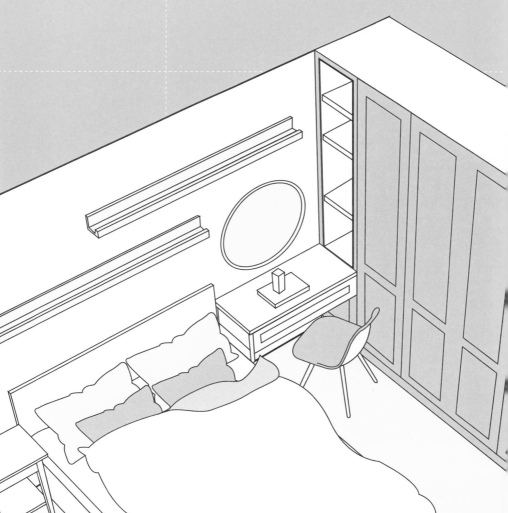

1. 衣柜放在床一侧的传统主卧布局

在传统主卧布局中，衣柜一般放在床一侧，它们之间的距离最小55cm，这是人能通行或从推拉门衣柜拿衣物的最小距离，如果小于这个尺寸会很不方便。床尾的活动空间要大一点，至少预留90cm，最好在120cm以上。

① 双人床的宽度为150cm
② 双人床的长度为200cm
③ 双人床的高度为45cm
④ 床头柜的宽度为45cm

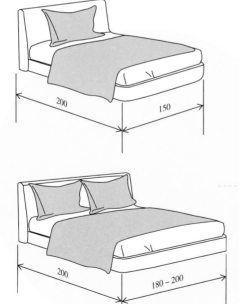

双人床尺寸

主卧大多放置双人床。紧凑型双人床的宽度一般为150cm，宽松型双人床的宽度一般为180~200cm。双人床的长度一般为200cm，具体可根据需求进行增减。

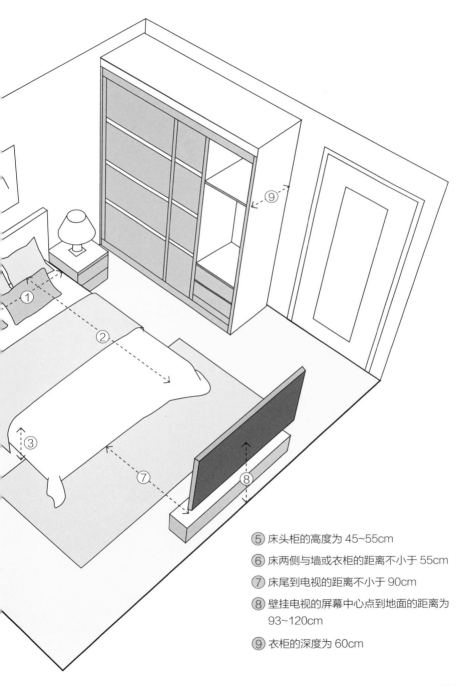

⑤ 床头柜的高度为 45~55cm

⑥ 床两侧与墙或衣柜的距离不小于 55cm

⑦ 床尾到电视的距离不小于 90cm

⑧ 壁挂电视的屏幕中心点到地面的距离为
　93~120cm

⑨ 衣柜的深度为 60cm

（1）床两侧到墙或衣柜的距离

如果只在床的一侧放衣柜，那么只要留出至少 55cm 的间距，保证人能够下床并且通行、从推拉门衣柜拿衣物；如果希望在床侧蹲下进行铺床等活动，那么床到墙或衣柜的距离至少为 94cm；如果床两侧的空间宽度能达到 122cm 以上，那么不仅有足够的起居空间，还能进行清洁等活动。

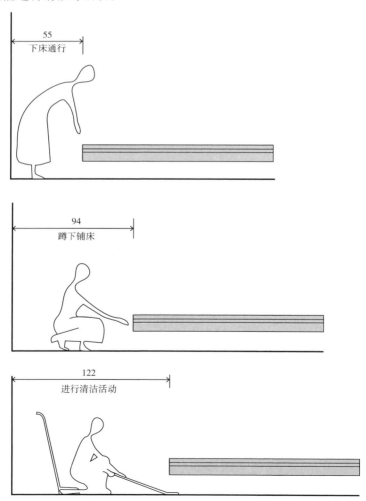

（2）衣柜前的距离

衣柜前的距离最小是 55cm，但具体还要看衣柜的开门方式。家庭常用衣柜的开门方式有推拉门和平开门，平开门衣柜前要多留出门扇开启的距离。

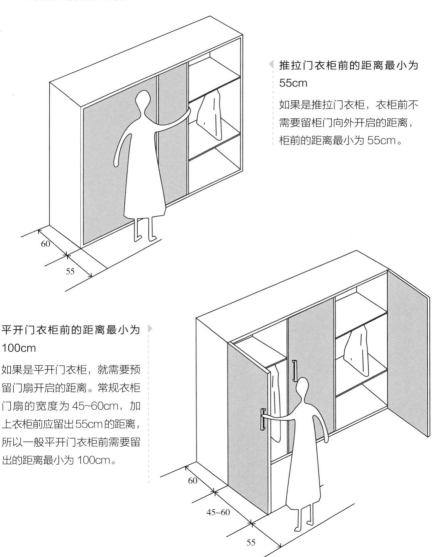

推拉门衣柜前的距离最小为 55cm

如果是推拉门衣柜，衣柜前不需要留柜门向外开启的距离，柜前的距离最小为 55cm。

平开门衣柜前的距离最小为 100cm

如果是平开门衣柜，就需要预留门扇开启的距离。常规衣柜门扇的宽度为 45~60cm，加上衣柜前应留出 55cm 的距离，所以一般平开门衣柜前需要留出的距离最小为 100cm。

2. 衣柜放在床尾，两者间距至少为 90cm

除了可以将衣柜放在床的一侧，还可以将其放在床尾。将衣柜放在床尾，不仅可以让床两侧的空间变得更宽敞，而且衣柜可以更宽，收纳空间会更多。唯一要注意的是，因为床尾衣柜前的空间与主卧的通道重合，所以床尾通道的宽度不应小于 90cm。

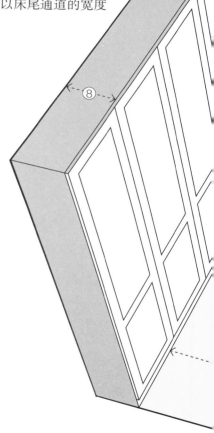

① 双人床的宽度为 180cm

② 双人床的长度为 200cm

③ 双人床的高度为 45cm

④ 床头柜的宽度为 45cm

⑤ 床头柜的高度为 45~55cm

⑥ 床两侧与墙的距离不小于 55cm

⑦ 床尾通道的宽度不小于 90cm

⑧ 衣柜的深度为 60cm

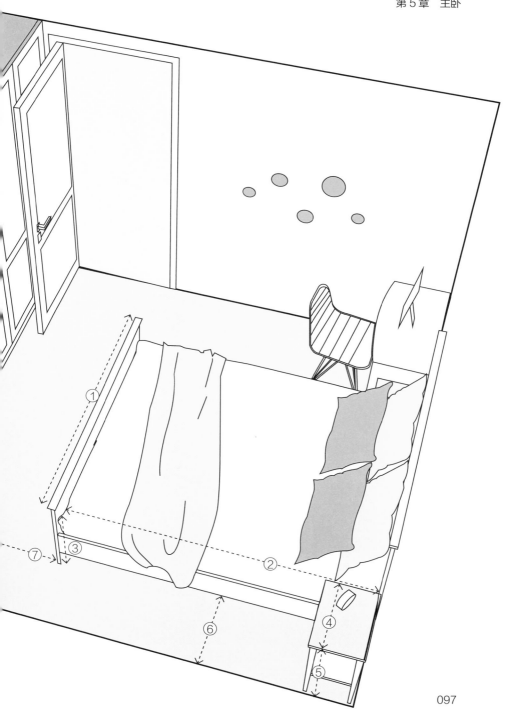

3. 放得下梳妆台的主卧布局

（1）梳妆台与衣柜相连

梳妆台与衣柜相连，衣柜与床之间的距离不小于 120cm，可以放 90cm 长的梳妆台和 30cm 长的床头柜，也可以直接放 120cm 长的梳妆台，不放床头柜。

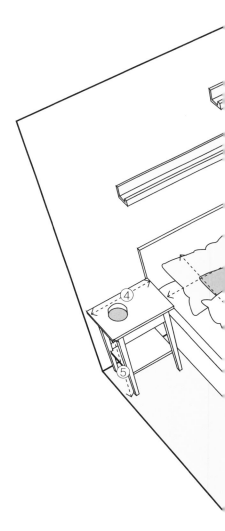

① 双人床的宽度为 180cm

② 双人床的长度为 200cm

③ 双人床的高度为 45cm

④ 床头柜的长度为 30cm

⑤ 床头柜的高度为 45~55cm

⑥ 衣柜与床之间的距离不小于 120cm

⑦ 梳妆台的宽度为 60cm

⑧ 梳妆台的长度不小于 90cm

⑨ 衣柜的深度为 60cm

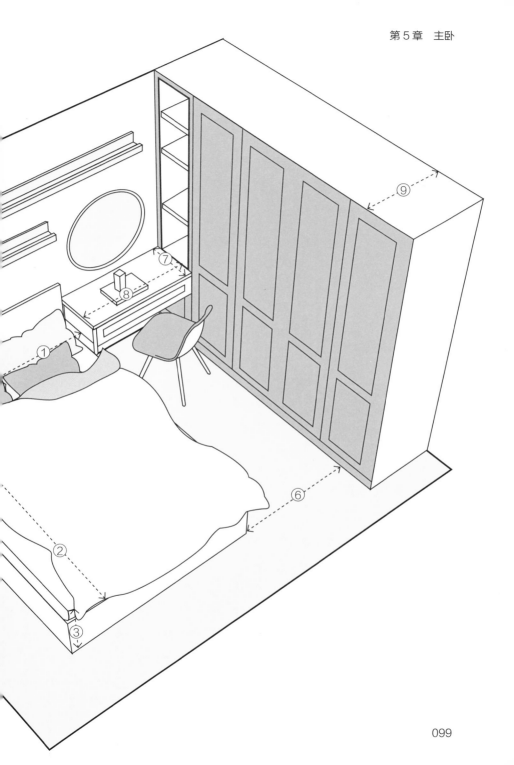

（2）梳妆台放在床尾

对于宽度有限的主卧空间，梳妆台可以放在床尾，但要注意，梳妆台椅子的座深一般为 45~60cm，而梳妆台的宽度一般为 60cm，所以梳妆台加椅子的整体宽度一般为 105~120cm。

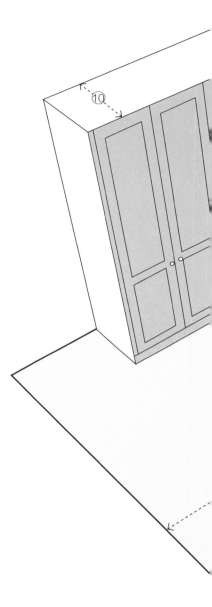

① 双人床的宽度为 180cm

② 双人床的长度为 200cm

③ 双人床的高度为 45cm

④ 床头柜的宽度为 45cm

⑤ 床头柜的高度为 45~55cm

⑥ 床两侧与墙或衣柜的距离不小于 55cm

⑦ 床尾通道的宽度不小于 120cm

⑧ 梳妆台的宽度为 60cm

⑨ 梳妆台的长度最小为 90cm

⑩ 衣柜的深度为 60cm

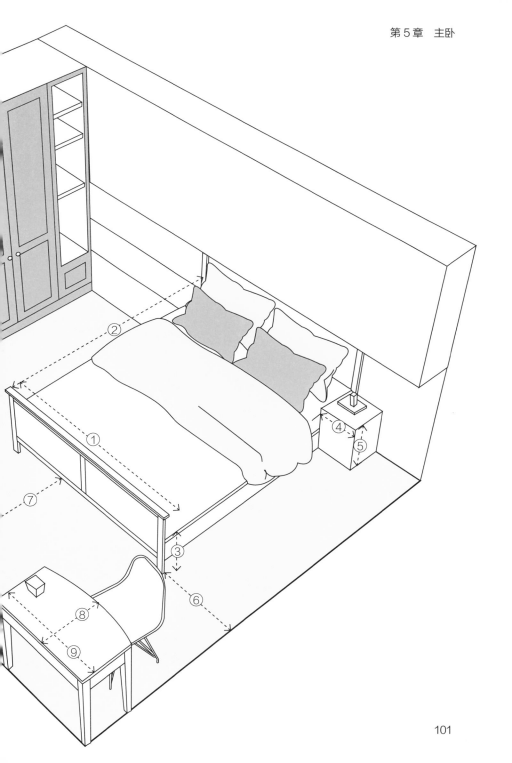

（3）梳妆台背对着床放

梳妆台也可以融入床一侧的衣柜中，做成一体式设计，此时梳妆台的宽度需要与衣柜的深度保持一致，一般为60cm。因为要放椅子，所以梳妆台到床的最小距离不再是55cm。椅子拉出后坐人的最小距离是45cm，所以梳妆台到床的最小距离为100cm。

① 双人床的宽度为 180cm

② 双人床的长度为 200cm

③ 双人床的高度为 45cm

④ 床头柜的宽度为 45cm

⑤ 床头柜的高度为 45~55cm

⑥ 床一侧与墙的距离不小于 55cm

⑦ 梳妆台的宽度为 60cm

⑧ 梳妆台的长度为 90cm

⑨ 衣柜的深度为 60cm

⑩ 梳妆台到床的最小距离为 100cm

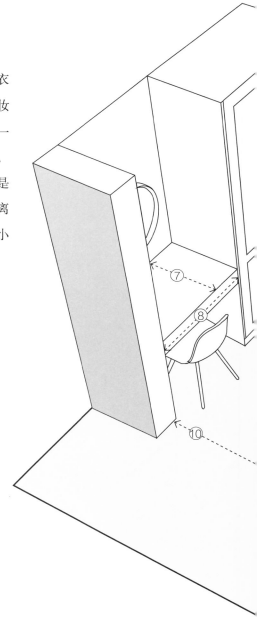

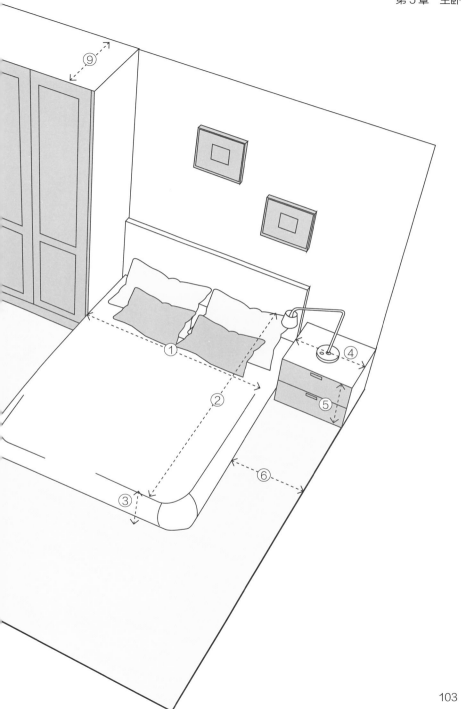

4. 在主卧打造步入式衣帽间的 3 种方法

（1）使用 L 形衣柜

如果卧室比较宽，可以利用卧室的一面墙和 L 形衣柜围合出一个小衣帽间。小衣帽间的通道宽度一般为 80~100cm。如果主卧里有主卫，也可以用这种方法将主卫与主卧分隔开。

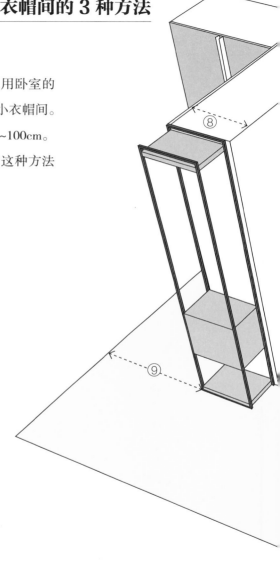

① 双人床的宽度为 180cm

② 双人床的长度为 200cm

③ 双人床的高度为 45cm

④ 床头柜的宽度为 45cm

⑤ 床头柜的高度为 45~55cm

⑥ 床一侧与墙的距离不小于 55cm

⑦ 床到衣帽间的距离不小于 55cm

⑧ 衣柜的深度为 60cm

⑨ 衣帽间通道的宽度为 80~100cm

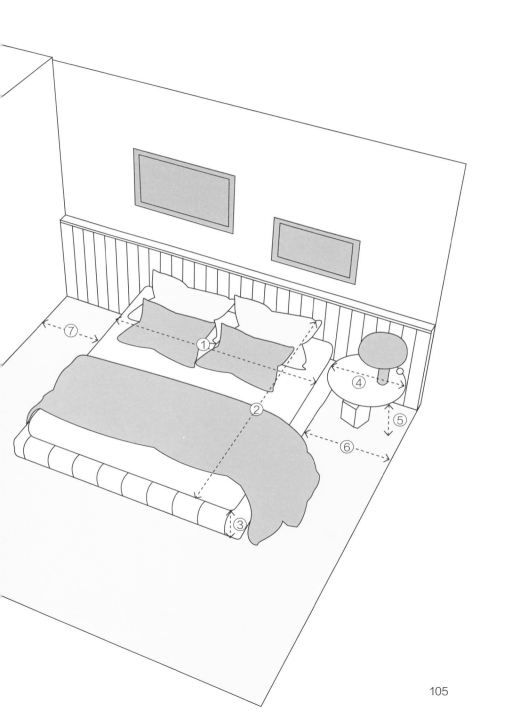

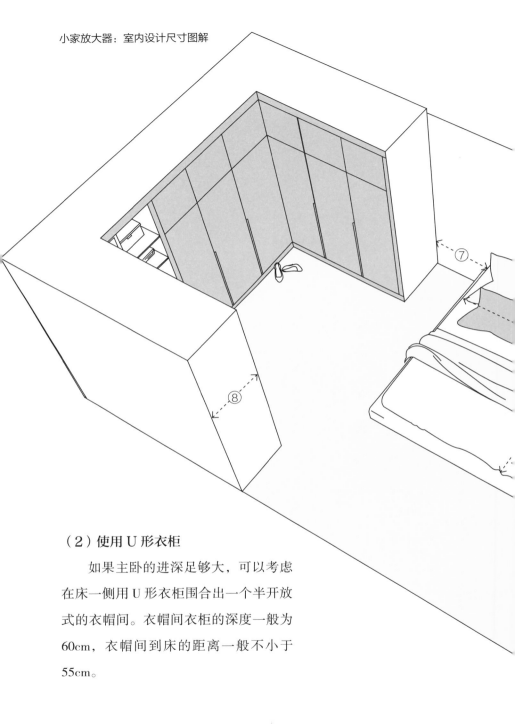

（2）使用 U 形衣柜

　　如果主卧的进深足够大，可以考虑在床一侧用 U 形衣柜围合出一个半开放式的衣帽间。衣帽间衣柜的深度一般为 60cm，衣帽间到床的距离一般不小于 55cm。

① 双人床的宽度为 180cm

② 双人床的长度为 200cm

③ 双人床的高度为 45cm

④ 梳妆台的长度不小于 90cm

⑤ 梳妆台的高度为 75cm

⑥ 床一侧与墙的距离不小于 55cm

⑦ 衣帽间到床的距离不小于 55cm

⑧ 衣柜的深度为 60cm

衣帽间门的选择

衣帽间的门可以选择玻璃推拉门，让衣帽间光线充足；也可以选择百叶帘折叠门，装饰感更强；还可以选择薄纱帘，更节约空间。

玻璃推拉门

百叶帘折叠门

薄纱帘

（3）床头不靠墙，留出空间做衣帽间

　　除了前面介绍的两种方法，还可以考虑把衣帽间设计在床头或者床尾，同样是使用 L 形衣柜或 U 形衣柜围合出相对独立的区域。

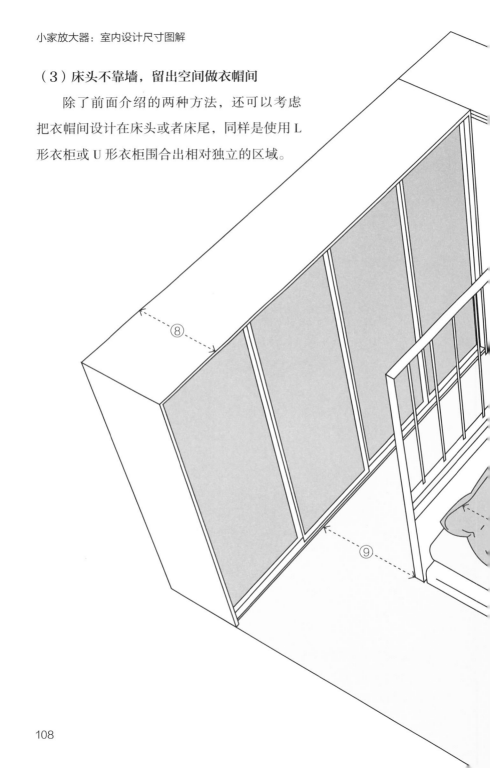

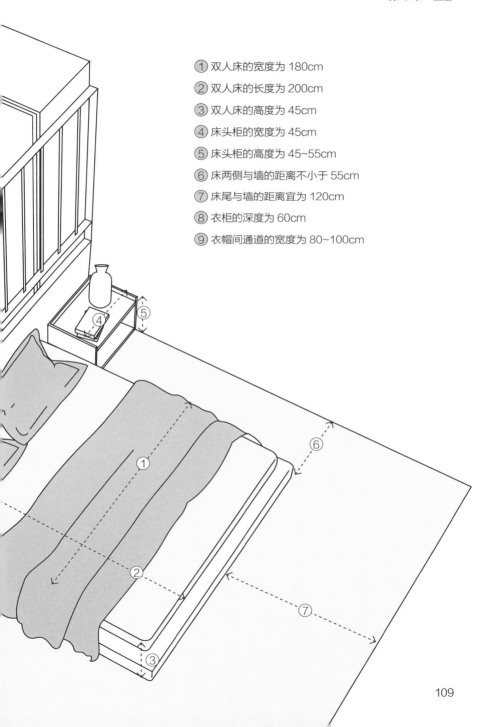

① 双人床的宽度为 180cm

② 双人床的长度为 200cm

③ 双人床的高度为 45cm

④ 床头柜的宽度为 45cm

⑤ 床头柜的高度为 45~55cm

⑥ 床两侧与墙的距离不小于 55cm

⑦ 床尾与墙的距离宜为 120cm

⑧ 衣柜的深度为 60cm

⑨ 衣帽间通道的宽度为 80~100cm

5. 带婴儿床的卧室布局

设计带婴儿床的卧室布局时，要考虑床一侧需要留出足够的空间来摆放婴儿床，同时也要方便父母在夜间起来照顾孩子。衣柜可以放在床尾，也可以放在床一侧，但是要留出 55cm 以上的间距，如果衣柜是平开门的，则要留出 100cm 以上的间距。

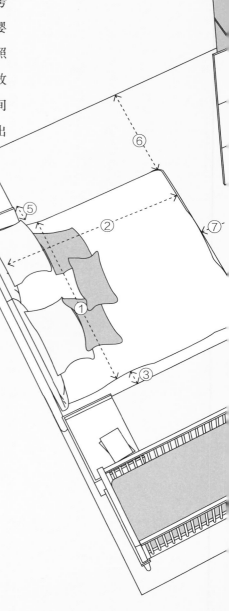

① 双人床的宽度为 180cm

② 双人床的长度为 200cm

③ 双人床的高度为 45cm

④ 床头柜的宽度为 45cm

⑤ 床头柜的高度为 45~55cm

⑥ 床一侧与墙的距离不小于 55cm

⑦ 床尾和平开门衣柜的距离不小于 100cm

⑧ 衣柜深度为 60cm

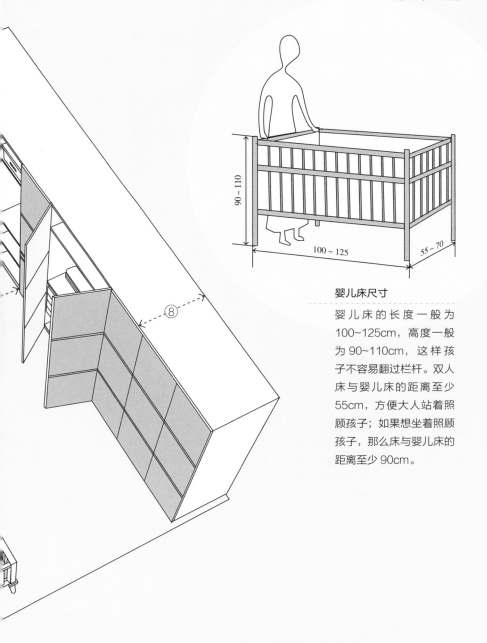

90 ~ 110

100 ~ 125

55 ~ 70

⑧

婴儿床尺寸

婴儿床的长度一般为100~125cm，高度一般为90~110cm，这样孩子不容易翻过栏杆。双人床与婴儿床的距离至少55cm，方便大人站着照顾孩子；如果想坐着照顾孩子，那么床与婴儿床的距离至少90cm。

6. 主卧床上方靠近床尾布置 2~3 个射灯

在主卧，如果用射灯代替吊灯做主灯，一定要注意不能在床正上方安装射灯，否则极易造成眩光，而且是不可接受的眩光。主卧射灯的最佳安装位置是从床正上方向床尾移动45~55cm。如果灯位已经固定，可以适当调整射灯角度。

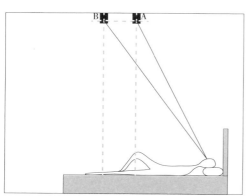

主卧射灯的安装位置

假设床长 200cm，床距天花板220cm，A 点在床正上方，B点在床正上方往床尾移动45cm位置处。当灯具在 A 点时，哪怕是防眩性能优秀的射灯也会造成不可接受的眩光。因此，建议把射灯移至 B 点。如果灯位已经固定，可以适当调整射灯角度。

① 单个射灯的功率为 9W

② 相邻射灯的间距为 30cm

7. 床头射灯距床两侧的墙不小于 50cm

床头两侧各装一个深度防眩射灯，灯光会分散投射到床头柜和床头上，这样既方便使用床头柜，又便于在床头阅读，而且不刺眼。

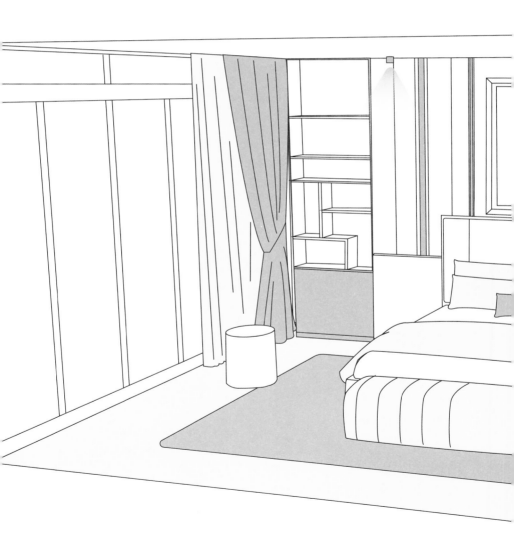

床头射灯距床两侧的墙不小于
50cm，横向上的光线弧度完
整，不会照射到床两侧的墙上

床头射灯可用其他灯具替代

床头射灯用吊灯替代

单头吊灯垂吊在床头柜上方高 30~50cm
的位置，能照亮柜面。注意灯罩要使用
不透光材质的，避免光线进入眼睛。

床头射灯用壁灯替代

壁灯比吊灯的装饰效果更好，但要注意
壁灯最好选向上出光的款式，这样可以
避免人躺下时有眩光。

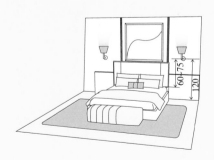

8. 主卧暗藏线性灯，照亮墙面、渲染氛围

（1）在床头背景板内安装线性灯

　　主卧的氛围可以用暗藏光源来营造，在床头护墙板内安装线性灯，朝上往墙面打光，光线在墙面漫反射形成柔和的光。选用暗藏线性灯来进行氛围照明时，通常功率为每米 4~6W 比较合适。

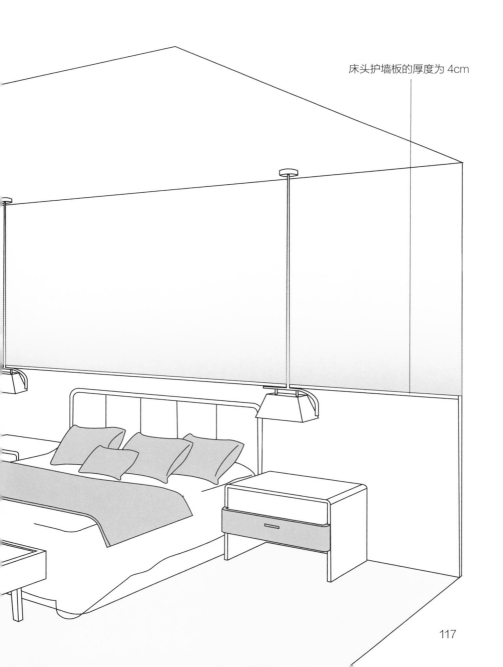

床头护墙板的厚度为 4cm

（2）在床头上方的顶面凹槽内安装线性灯

如果主卧做了吊顶，可以把线性灯藏在床头上方的顶面凹槽内，使光线照向墙面。

出光口的宽度
一般为 15cm

9. 衣柜前装 3~5W 的射灯

一般会在衣柜前额外安装灯具，常见的做法是在衣柜前装射灯，关着柜门时可以营造洗墙式照明效果，打开柜门时可以给柜内补光。但如果柜门是反光材质的，则不建议使用这种方法。在射灯功率的选择上以小功率为主，3~5W 完全可以满足需求。如果这个位置的射灯亮度过高，不仅会显得突兀，使整个空间不协调，还可能引起视觉上的不适感。

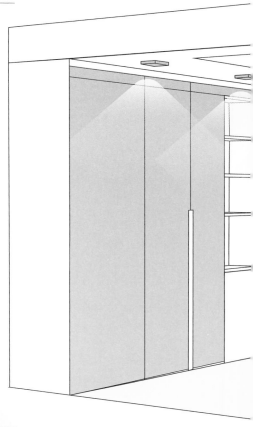

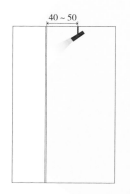

射灯到衣柜的合适距离
一般来说，轨道射灯到衣柜的合适距离是 40~50cm，嵌入式射灯到衣柜的合适距离是 20~30cm。

10. 窗帘盒照明营造氛围感

如果主卧没有吊灯，其他地方也没有设置暗藏光源，那么安装窗帘盒照明是一个非常明智的选择：不需要额外的成本与改动，只需要在装修时预留一个电线头即可，而且出光效果也非常好。

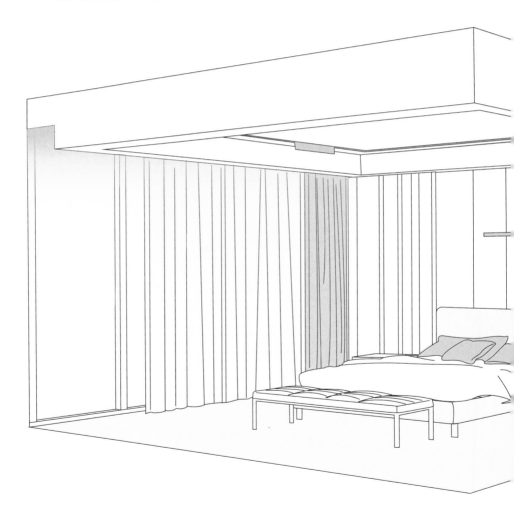

窗帘盒的出光方式

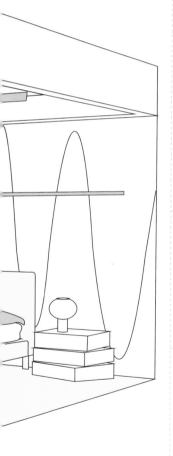

窗帘盒 45°斜角向下出光

采用这种窗帘盒出光方式，窗帘的上半部分亮，下半部分暗，光比较柔和。

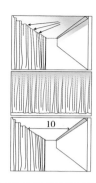

窗帘盒垂直向下出光

采用这种窗帘盒出光方式，光能够覆盖整个窗帘，并能到达地面，光比较亮、均匀。

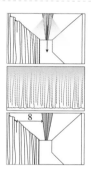

窗帘盒侧面出光

采用这种窗帘盒出光方式，光会均匀洒落在窗帘上，窗帘的下半部分是暗的，光不能到达地面。

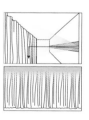

窗帘盒平行向上出光

采用这种窗帘盒出光方式，只有窗帘顶部有光，光少而集中。

11. 主卧插座预留 3~6 个

一般会在主卧入口处布置一个双控开关，在床头附近布置一个双控开关，这样就不用摸黑起夜。主卧插座可以隐藏在床头柜后面，这样看上去更美观；但如果想使用更方便，可以把插座布置在床头柜上方离地面 70cm 处。此外，还可以在衣柜内为熨烫机等预留一个插座。如果要摆放梳妆台，那么可以为卷发棒、美容仪等预留 2~3 个插座，距地面 90cm 即可。

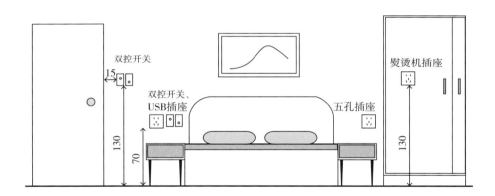

第 6 章
儿童房

儿童房的传统布局往往与主卧的布局相似，但实际上这并不符合儿童的活动习惯。现代儿童房的布局核心在于减少不必要的通道空间，留足活动空间。本章针对不同年龄段的儿童提供了不同的布局方案，以便更好地满足他们成长过程中的需求。本章还给出了安全、合理的灯具布置要求，以确保为儿童学习、游戏提供合适的照明。

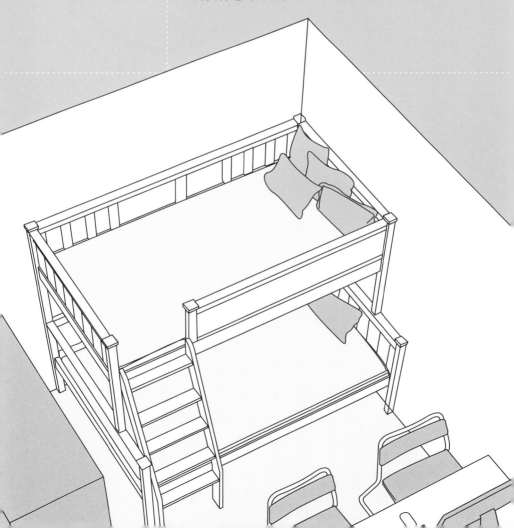

1. 0~3 岁儿童房以活动家具为主

　　0~3 岁的小宝宝通常与父母同住一个房间，所以儿童房常作为儿童游戏的空间或者换尿布等活动的空间，放置的家具高度不用太高、材质要安全，以活动家具为主，如带轮可移动的小收纳柜等。

婴儿护理台的尺寸

婴儿护理台是可在上面为婴儿换尿布与进行清洁护理的设备。婴儿护理台的长度为70cm，高度为80cm，如果有挡板，那么挡板高度为20cm。

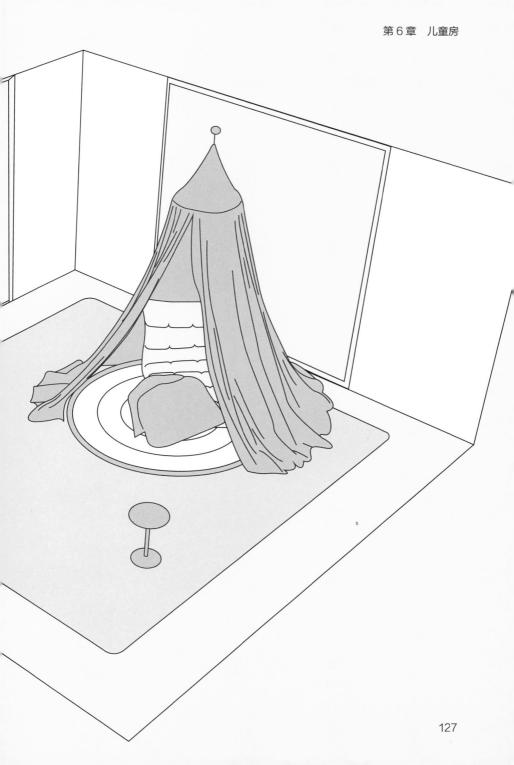

2. 3~6 岁儿童房以收纳区和游戏区为主

3~6 岁的儿童喜欢探索和玩耍。对于这个年龄段的儿童房布局，主要考虑设置收纳区和游戏区，所以需要尽量保留中间的空间，留出较大的游戏区。同时注意设计足够的收纳空间，收纳儿童的衣物、玩具和书本等。

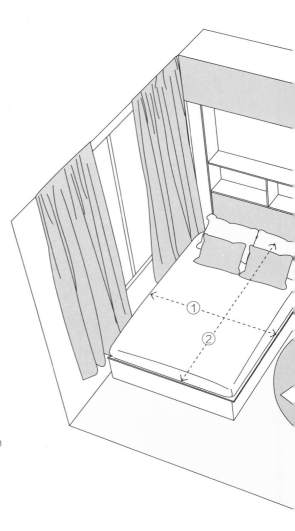

① 儿童床的宽度为 120~150cm

② 儿童床的长度为 180~200cm

③ 书桌的最小宽度为 60cm

④ 书桌的适宜长度为 120cm

⑤ 书桌的高度为 75cm

⑥ 椅子的座高为 45cm

⑦ 椅子放置区的长度为 75~90cm

⑧ 衣柜的深度为 60cm

⑨ 衣柜的高度为 240cm

3. 6~12 岁儿童房可划分为生活区、休闲区和学习区

（1）使用组合式榻榻米

　　6~12 岁的儿童已经是小学生了，所以他们的儿童房不仅是生活区和休闲区，还是学习区，需要摆放书桌、椅子、书柜和衣柜等家具。相比于零散地摆放室内家具，使用组合式榻榻米可以将所有家具整合在一起，提高空间的利用率，留出较大的休闲区。

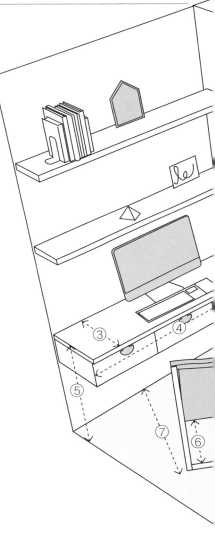

① 儿童床的宽度为 120~150cm

② 儿童床的长度为 180~200cm

③ 书桌的最小宽度为 60cm

④ 书桌的适宜长度为 120cm

⑤ 书桌的高度为 75cm

⑥ 椅子的座高为 45cm

⑦ 椅子放置区的长度为 75~90cm

⑧ 衣柜的深度为 60cm

⑨ 衣柜的高度为 240cm

（2）使用上床下桌

　　如果儿童房的面积有限但层高足够，那么可以做成上床下桌的空间形式，节省空间。但要注意，儿童房中的上床下桌多采用楼梯柜设计，而非采用直梯，这样会更安全，同时楼梯柜还能作为储物柜使用。

① 上床的宽度为 120cm

② 上床的长度为 190cm

③ 上层的层高为 120cm

④ 下层的层高为 150cm

⑤ 楼梯的宽度为 60cm

⑥ 单级楼梯的高度为 30cm

⑦ 书桌的最小宽度为 60cm

⑧ 书桌的适宜长度为 120cm

⑨ 书桌的高度为 75cm

⑩ 椅子的座高为 45cm

⑪ 椅子放置区的长度为 75~90cm

⑫ 衣柜的深度为 60cm

⑬ 衣柜的高度为 240cm

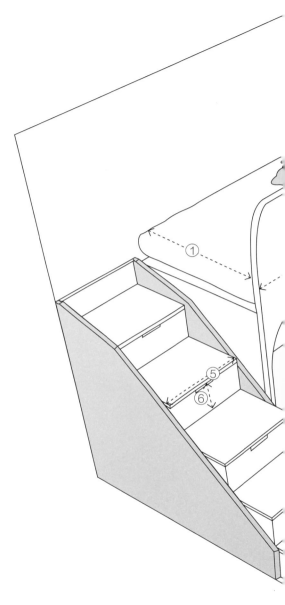

③

②

④

⑦

⑧

⑨

⑩

⑪

⑫

⑬

4. 双人儿童房的最小面积宜为 $10m^2$

（1）使用高低床

　　高低床比较适合面积较小的儿童房，但是考虑到房间内需要放书桌、衣柜和床，所以面积最小为 $10m^2$。同时要注意，室内净层高要大于240cm。

① 上层单人床的宽度为120cm

② 高低床的长度为200cm

③ 书桌的最小宽度为60cm

④ 书桌的适宜长度为200cm

⑤ 书桌的高度为75cm

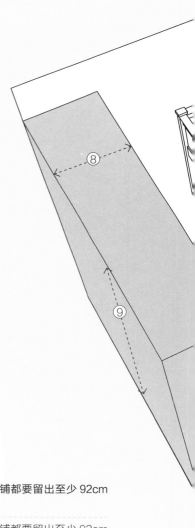

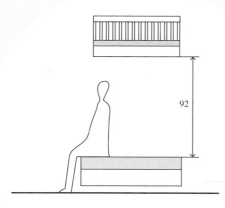

上铺和下铺都要留出至少92cm的层高

上铺和下铺都要留出至少92cm的层高，以方便儿童能正常坐立在床上。

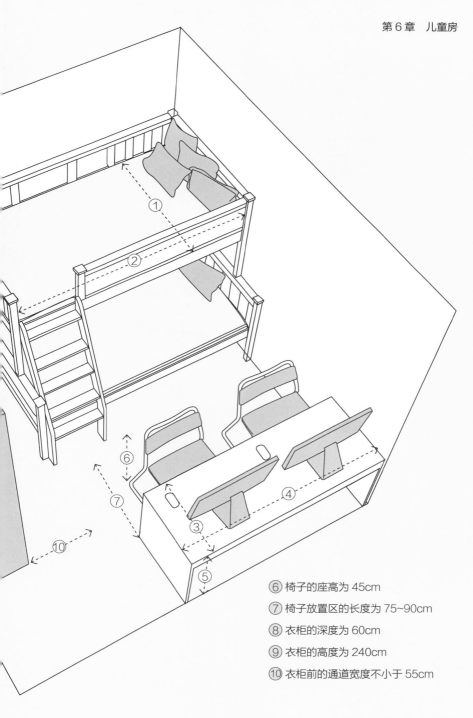

⑥ 椅子的座高为 45cm

⑦ 椅子放置区的长度为 75~90cm

⑧ 衣柜的深度为 60cm

⑨ 衣柜的高度为 240cm

⑩ 衣柜前的通道宽度不小于 55cm

（2）使用两张单人床

如果儿童房的面积比较大，可以并排摆放两张单人床，中间再摆上一个宽度为50cm的床头柜，床尾放书桌。

① 单人床的宽度为 120cm

② 单人床的长度为 200cm

③ 单人床的高度为 45cm

④ 书桌的最小宽度为 60cm

⑤ 书桌的适宜长度为 200cm

⑥ 书桌的高度为 75cm

⑦ 椅子的座高为 45cm

⑧ 椅子放置区的长度为 75~90cm

⑨ 衣柜的深度为 60cm

⑩ 衣柜的高度为 240cm

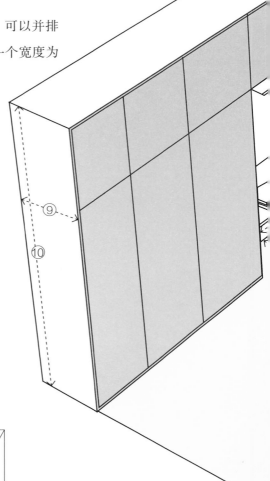

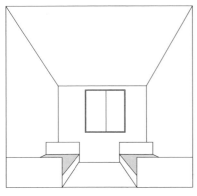

◀ **方形儿童房，书桌中间放**

如果儿童房为方形的，可以将两张单人床均靠墙摆放，它们中间摆放一张60cm×120cm 的书桌。

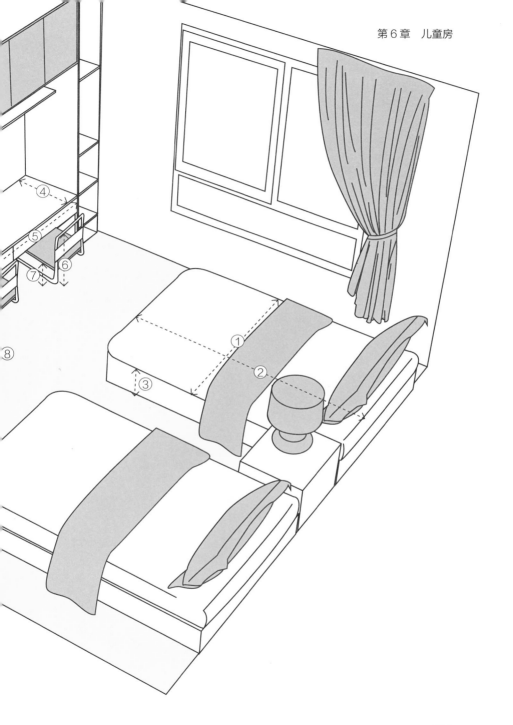

5. 儿童房照明要避免一切可能的眩光

　　儿童的眼睛对光线比较敏感，容易受到强光的伤害，所以儿童房尽量使用光线柔和的灯具，而不要使用射灯，以免造成房间内明暗反差过大，降低舒适感。儿童房最好用吸顶灯，这样可以保证整个房间都有足够的光照，儿童随便待在哪儿都有足够的光照。

① 儿童房选择直径在 40mm 以上的吸顶灯，确保房间的整体光照充足；吸顶灯的色温为 2700K，暖白光，能让人更放松

② 台灯的色温为 4000K，白光，可以让人的注意力更集中

 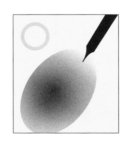

使用 LED 台灯的要点

LED 灯泡有几个，影子就有几条多重阴影，这种台灯不适合给孩子使用，容易引起眼睛疲劳。相反，柔和的阴影连成一团，对眼睛的伤害较小。

6. 放高低床的儿童房的吸顶灯只能作为备用灯

高低床的上铺距离天花板很近，此时吸顶灯只能作为备用灯，在睡觉之前用，否则开灯时上铺很亮、下铺却很暗。上下铺应该有独立、柔和、低亮度的灯，这样才不会相互干扰。推荐使用超薄的壁灯，最好是漫反射光源，以减少刺眼感。

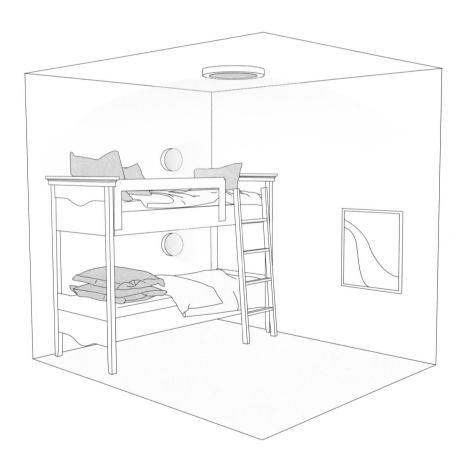

第7章
衣帽间

衣帽间的内部尺寸不同，能满足的衣物存放需求也不同。本章不仅为不同户型提供了衣帽间布局参考，还介绍了衣帽间衣柜的分区方法，让收纳更合理、收纳空间更充足。此外，衣帽间的灯光布置也会影响使用体验，所以本章也提供了相应的参考。

1. 一字形衣帽间的宽度最小为 150cm

　　一字形衣帽间布局就是将衣柜呈一字形排开，衣柜的深度一般为 60cm，衣柜前通道的宽度最小为 90cm，所以衣帽间的宽度最小为 150cm。如果衣帽间的宽度不小于 225cm，则可以考虑靠墙放置一个换鞋凳。

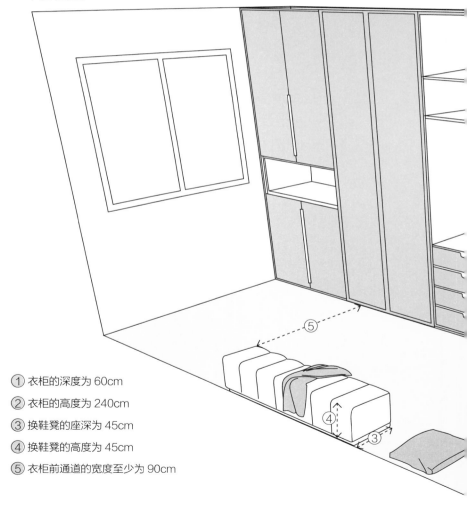

① 衣柜的深度为 60cm

② 衣柜的高度为 240cm

③ 换鞋凳的座深为 45cm

④ 换鞋凳的高度为 45cm

⑤ 衣柜前通道的宽度至少为 90cm

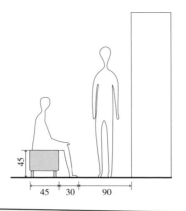

可在衣柜前靠墙摆放一个换鞋凳

如果衣帽间宽度足够，则可以在衣柜前靠墙摆放一个换鞋凳。

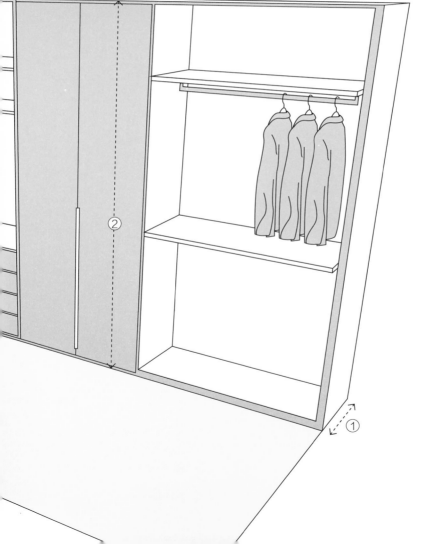

2. 二字形衣帽间的宽度宜在 210cm 以上

二字形衣帽间布局就是将两排衣柜靠墙摆放，中间留出通道方便走动。二字形衣帽间对空间的宽度要求较高，宽度宜在 210cm 以上，这样才能保证中间通道的宽度足够。通道尽头可以摆放一张梳妆台，长度不要小于 90cm。

① 衣柜的深度为 60cm

② 衣柜的高度为 240cm

③ 衣柜前通道的宽度至少为 90cm

④ 二字形衣帽间的宽度至少为 210cm

⑤ 梳妆台的宽度为 60cm

⑥ 梳妆台的长度不小于 90cm

⑦ 梳妆台的高度为 75cm

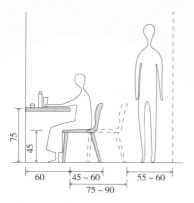

梳妆台的布置尺寸

可以直接放一张桌子作为梳妆台，也可以连接两侧衣柜做底部悬空的梳妆台。梳妆台的宽度一般为 60cm，长度最好不要小于 90cm。

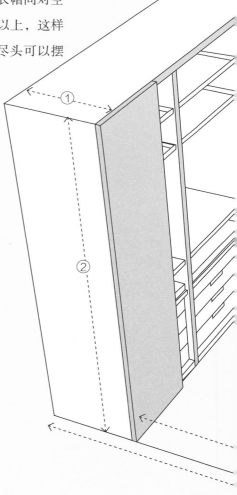

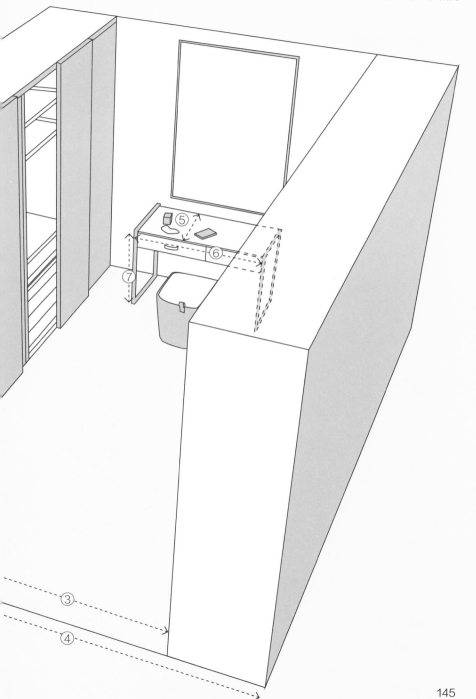

3. L 形布局更适合狭长衣帽间

如果衣帽间比较狭长，可以考虑采用 L 形布局，因为这种布局对空间的要求相对较低。如果空间足够，还可以在中间放一个岛台，但要注意岛台到衣柜的距离至少为 90cm。

① 衣柜的深度为 60cm

② 衣柜的高度为 240cm

③ 衣柜前通道的宽度至少为 90cm

④ 中岛台的宽度为 60cm

⑤ 中岛台的高度为 105cm

⑥ 梳妆台的宽度为 60cm

⑦ 梳妆台的长度不小于 90cm

⑧ 梳妆台的高度为 75cm

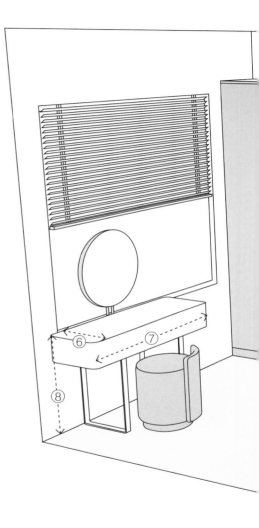

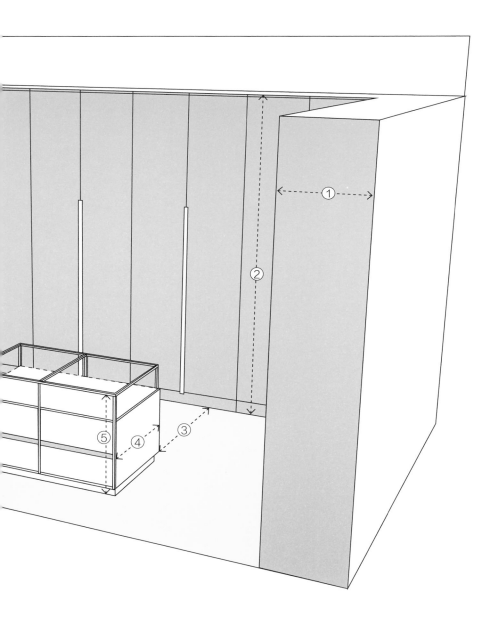

4. U 形衣帽间的面积至少为 $4.8m^2$

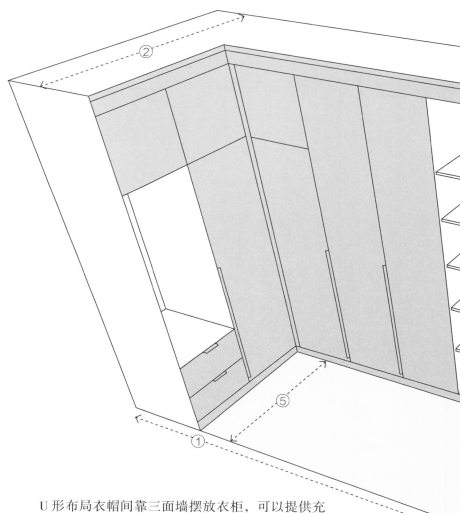

　　U 形布局衣帽间靠三面墙摆放衣柜，可以提供充足的收纳空间，最大限度地利用空间。U 形衣帽间中间的活动空间的宽度不小于 90cm，整体的长宽最小可以为 320cm × 150cm。

① U 形衣帽间的长度最小为 320cm

② U 形衣帽间的宽度最小为 150cm

③ 衣柜的深度为 60cm

④ 衣柜的高度为 240cm

⑤ 活动空间的宽度不小于 90cm

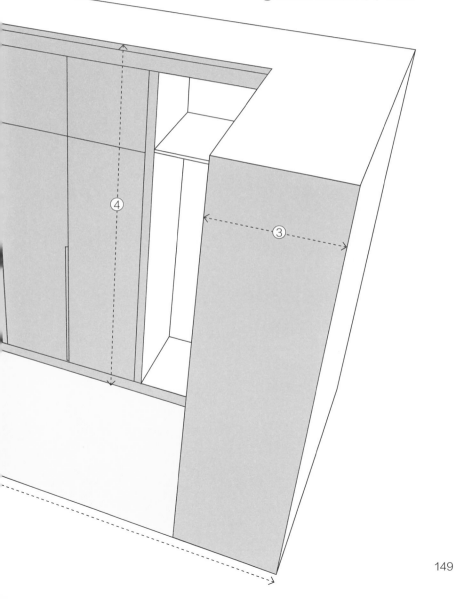

5. 衣柜的 7 种收纳区

　　衣柜的分区非常重要，它关乎拿取衣物是否方便，收纳空间是否能够被充分利用。一般来说，衣柜主要有 7 种收纳区，每种收纳区的深度均为 60cm，宽度没有固定要求，高度则有一定的要求。

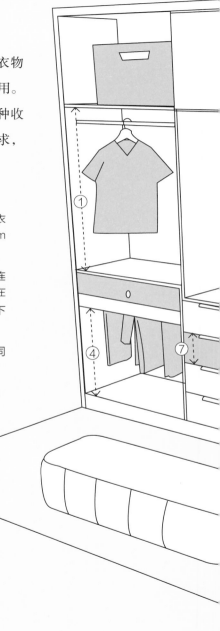

① 短衣挂衣区的高度为 90~100cm。常规短上衣的长度为 60~70cm，柜格高度做到 90~100cm 能够挂得下它们

② 长衣挂衣区的高度为 140~150cm。用来悬挂连衣裙、长外套、长羽绒服等。长衣的长度一般在 120cm 左右，柜格高度做到 140~150cm，下面可以叠放一些衣服，或者放一些收纳盒

③ 叠放区的高度为 30~40cm。可以多做几个不同高度的格子作为叠放区

④ 裤架区的高度为 60~90cm。裤架选 Z 字形的，方便拿取裤子

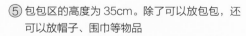

⑤ 包包区的高度为 35cm。除了可以放包包，还可以放帽子、围巾等物品

⑥ 被褥区的高度为 40~50cm。存放不当季的被褥、衣物、枕头等

⑦ 抽屉的高度为 10~20cm。存放袜子、内衣、内裤等贴身衣物

（1）挂衣区最高不能超过人伸手可及的高度

挂衣区具体可以分为短衣挂衣区、中长衣挂衣区、长衣挂衣区。挂衣区的衣物应该方便随时拿取，所以挂衣区离地高度不要超过一个人伸手可及的高度。

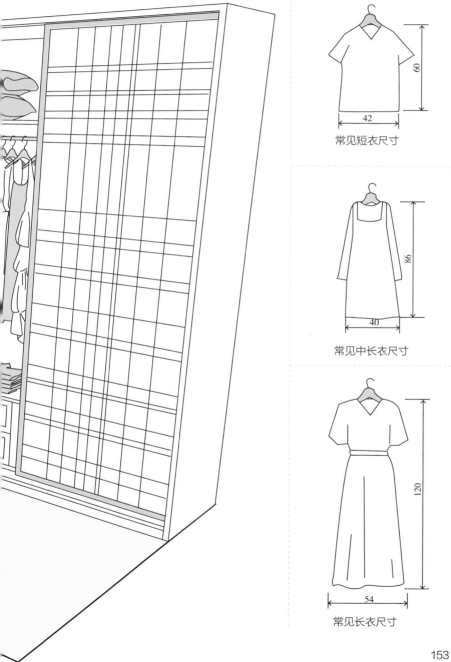

常见短衣尺寸

常见中长衣尺寸

常见长衣尺寸

（2）裤架区应设置在挂衣区的下方

裤架区主要用来悬挂裤子，一般设置在挂衣区的下方；也可以与挂衣区在同一个柜格里，上方做衣架区，下方做裤架区。裤架区的高度为60~90cm。

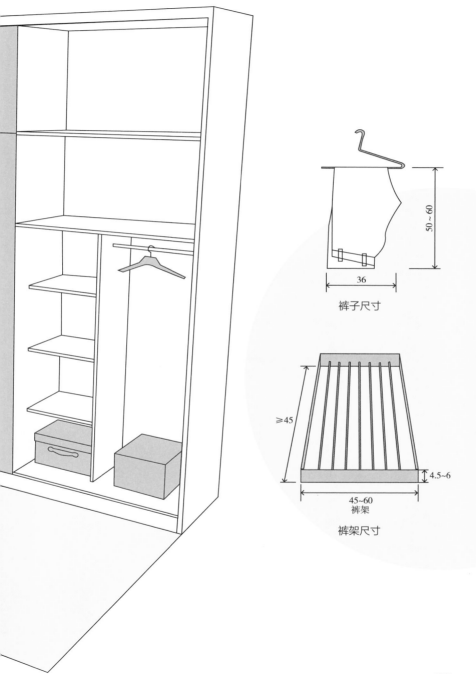

裤子尺寸

裤架

裤架尺寸

（3）被褥区设置在衣柜的最上方

被褥区一般用来收纳不当季
的被褥、衣物等，所以常被规划
到衣柜的最上方。

6. 衣帽间多用柜内照明补充光线

如果衣帽间只使用房顶的筒灯或射灯，通常会造成衣柜上层无光，只能照亮下半部分，同时在拿取衣物的时候可能会出现挡光的情况。所以，建议在衣帽间额外设置柜内照明，这样才能有不错的照明效果。建议提前在衣柜留线。

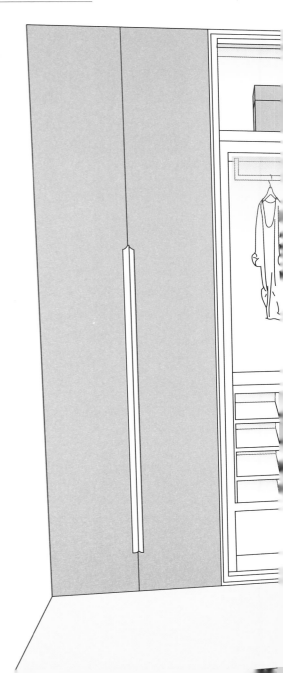

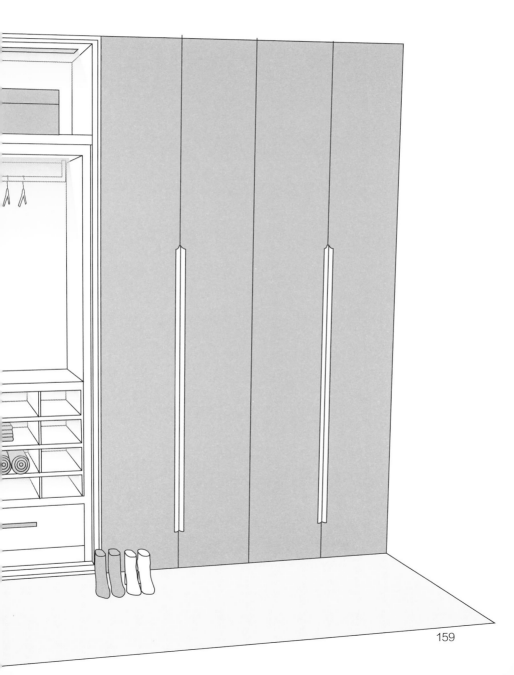

7. 衣帽间有镜子时可采用直接照明或间接照明

衣帽间有镜子时，需要注意灯具的安装位置。如果采用直接照明，可以在镜子上方的左右两侧安装两个天花板射灯，照向使用者；如果采用间接照明，可以在镜子两侧墙体安装间接照明灯具，照向天花板，形成漫反射，均匀照亮使用者。

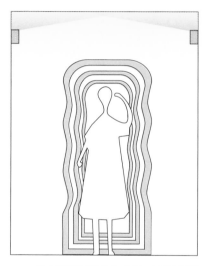

在人的前上方两侧安装两个天花板射灯，以一定角度投射到部分立面上。

选用光束角为 30°~45° 的射灯。

如果室内装饰采用深色，建议使用两个 10W 的 LED 射灯；如果室内装饰采用浅色，建议使用两个 7W 的 LED 射灯。

室内装饰以白色为主时，可以在两侧墙体安装间接照明灯具，照向天花板，形成漫反射，均匀的灯光可以提供舒适的照明环境。

反射式照明效率稍低，建议使用两个 20W 壁灯或两个 20W 支架灯。

第 8 章

书房

书房属于功能性的房间，主要作为阅读或工作的场所。传统书房会在一个单独的房间放置书桌、书柜等，不过现在流行将书房功能融入其他空间中，如卧室或客厅中。本章介绍了一体化书房和独立书房的布局，给出了合理的布置尺寸，针对定制书桌和书柜给出了尺寸参考。此外，还针对灯具布置、电路设计给出了数据指导，可以让布置更加方便。

1. 与其他空间结合的书房

（1）与卧室结合的书房

非独立书房常见的布局方式之一是将书房和卧室设计在一起，可以选择榻榻米和书桌的组合，也可以选择双人床加书桌、衣柜的组合。因为这种书房的书桌使用效率较高，所以通常会把书桌设计在床头一侧。

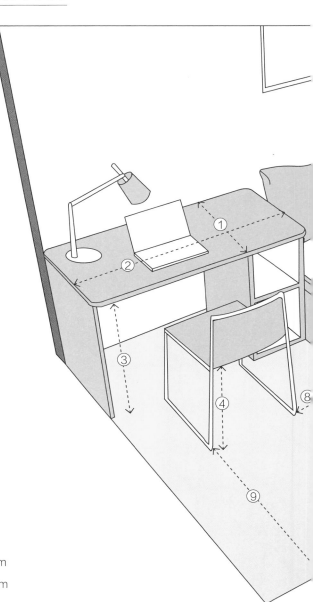

① 书桌的最小宽度为 60cm

② 书桌的适宜长度为 120cm

③ 书桌的高度为 75cm

④ 椅子的座高为 45cm

⑤ 榻榻米的宽度为 150cm

⑥ 榻榻米的长度为 200cm

⑦ 榻榻米的高度为 40cm

⑧ 椅子到床的距离为 45~60cm

⑨ 通行空间的宽度最小为 90cm

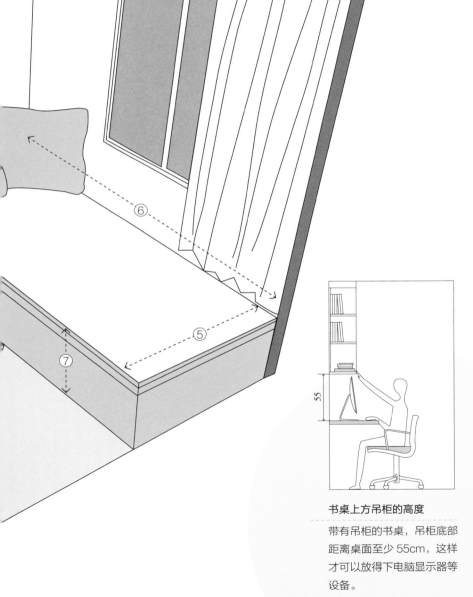

书桌上方吊柜的高度

带有吊柜的书桌，吊柜底部
距离桌面至少 55cm，这样
才可以放得下电脑显示器等
设备。

（2）与客厅结合的书房

在非独立书房的设计中，除了可以将书桌放在卧室中，还可以考虑把书桌放在客厅中。现在比较流行的做法是把书桌放在沙发的背后，这样不会破坏客厅的整体感。

① 书桌的最小宽度为 60cm

② 书桌的适宜长度为 120cm

③ 书桌的高度宜为 75cm

④ 书桌到书柜的距离为 75~150cm

⑤ 三人位沙发的座深为 80~90cm

⑥ 沙发到电视柜的最小距离为 145cm

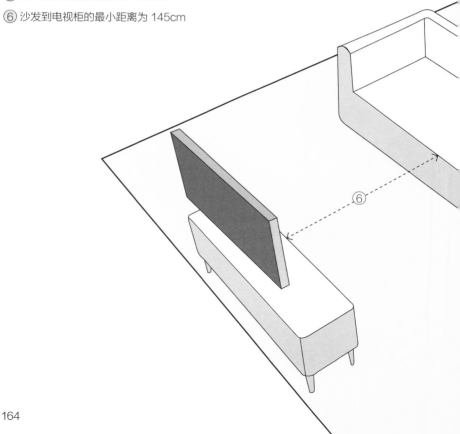

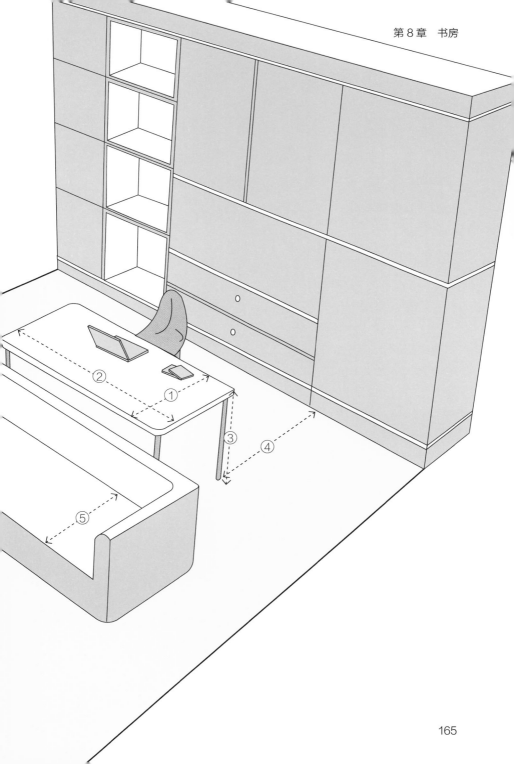

2. 独立书房的布局

　　如果家里有足够的房间，可以考虑做独立书房。独立书房适宜的尺寸为 340cm×270cm。书柜可以布置在书桌椅子背后，书柜到书桌的距离一般为 120cm。

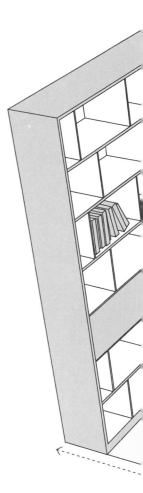

① 书房的开间为 270cm

② 书房的进深为 340cm

③ 书桌的最小宽度为 60cm

④ 书桌的适宜长度为 120cm

⑤ 书桌的高度为 75cm

⑥ 椅子的座高为 45cm

⑦ 椅子放置区的长度为 75~90cm

⑧ 书桌到书柜的距离为 120cm

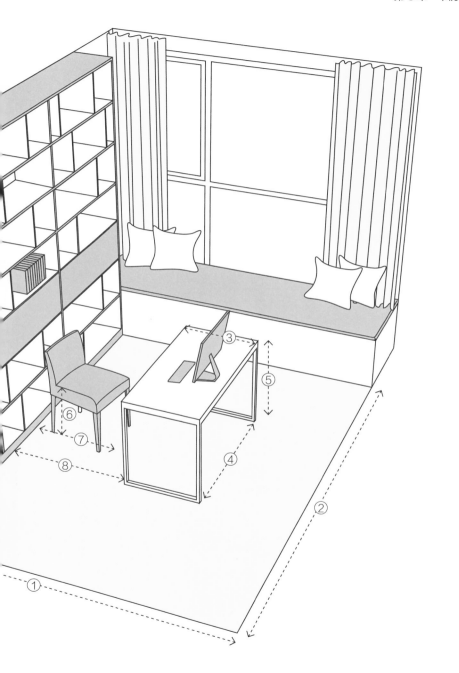

3. 建议书柜净深为 28~30cm

　　传统书柜的深度一般为 35cm，净深（去掉背板厚度后的深度）一般为 32cm。如果不放一些特殊尺寸的书，其实书柜的净深可以缩小到 28~30cm，因为如果书柜太深，可能会导致浪费空间或杂物堆积。

书籍的常见尺寸

16 开和 32 开是常见的书籍尺寸，其中 16 开图书的高度和宽度都小于 30cm。

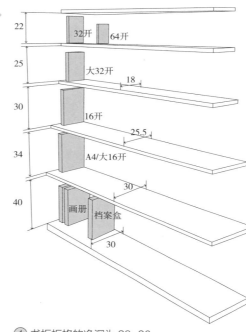

① 书柜柜格的净深为 28~30cm

② 书柜柜格的净宽在 59cm 左右

③ 书柜柜格的净高在 35cm 左右

4. 一体化书桌柜工作台的深度不应小于60cm

　　书桌柜一体化是时下比较流行的布置方法，它可以节约空间，提高空间的利用率。一体化书桌柜，除了一个长度为120cm的书桌外，常由吊柜开放格子、桌面开放格子、桌下抽屉和底部抽屉等组成，可以满足日常办公和收纳需求。

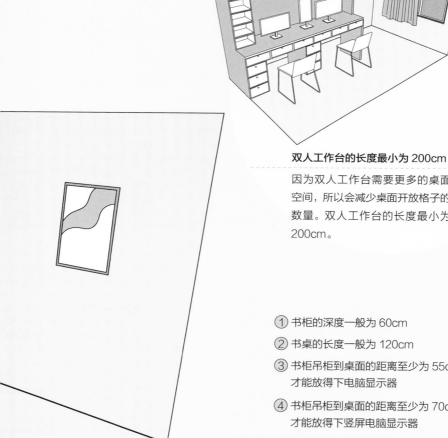

双人工作台的长度最小为 200cm

因为双人工作台需要更多的桌面空间，所以会减少桌面开放格子的数量。双人工作台的长度最小为 200cm。

① 书柜的深度一般为 60cm

② 书桌的长度一般为 120cm

③ 书柜吊柜到桌面的距离至少为 55cm 才能放得下电脑显示器

④ 书柜吊柜到桌面的距离至少为 70cm 才能放得下竖屏电脑显示器

⑤ 书柜吊柜格子的高度为 35cm

⑥ 桌下抽屉的高度为 15cm

⑦ 桌下抽屉到地面的距离至少为 60cm

5. 使用偏转角度较大的射灯或轨道灯照射书柜

在天花板上离书柜60cm左右的位置安装一排偏转角度较大的射灯或轨道灯等，可以让光线直接照亮柜格内部。相比于筒灯或吊灯，它们的光线可以照亮书柜的每一层，而不仅仅局限于书柜顶部的几层。

① 房顶可以采用配光范围较宽的筒灯或吸顶灯。关于房间整体的辐射照度，地板要保持在 100 lx左右。关于桌面的辐射照度，用于学习时为 750 lx左右，使用电脑工作时为 500 lx左右，使用电脑玩游戏时为 200 lx左右

② 最好选择频闪较少的光源，可以缓解眼睛疲劳

6. 线性灯可解决柜内阴影问题

虽然射灯或轨道灯可以照亮书柜的每一层，但底部几层仍可能会有少量阴影产生。想让书柜内没有阴影，最好在书柜上方安装线性灯，其光线柔和且不刺眼，非常适合作为书房的氛围照明灯具。

书柜线性灯的安装位置

使用 45°铝槽将线性灯嵌在柜格上方层板外侧，由外向内照射，以确保柜格内部充满光线，从外侧则看不到光源。

使用直型铝槽将线性灯嵌在柜格下方层板内侧，可以突出装饰物的轮廓。

7. 书房开关、插座的安装高度

　　书房的开关直接设计在进门处即可，距地 130cm，到门的距离
至少为 15cm。在书桌附近，需要在距地 100cm 的地方为手机、电
脑充电等预留 3 个插座，在距地 30cm 的地方为电脑主机、显示器、
打印机等预留 3 个插座。

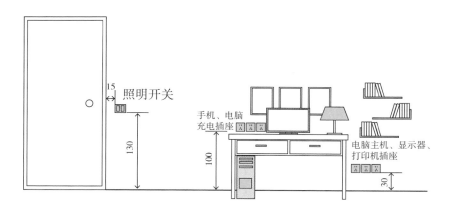

第 9 章
卫生间

卫生间可以看成以下三个区域的组合：洗脸区、马桶区和淋浴区。根据卫生间的大小、形状等，可以对这三个区域进行自行组合。需要注意的是，每个区域都有最小尺寸和适宜尺寸，只有在尺寸合理的情况下，日常洗漱等活动才能正常进行。本章给出了这三个区域的尺寸参考，并根据卫生间形状给出了布局参考，包括一体式布局和干湿分离布局。关于灯具的布置和插座的安装高度，本章也给出了详细数据。总之，希望能够帮助大家有效规划卫生间的空间。

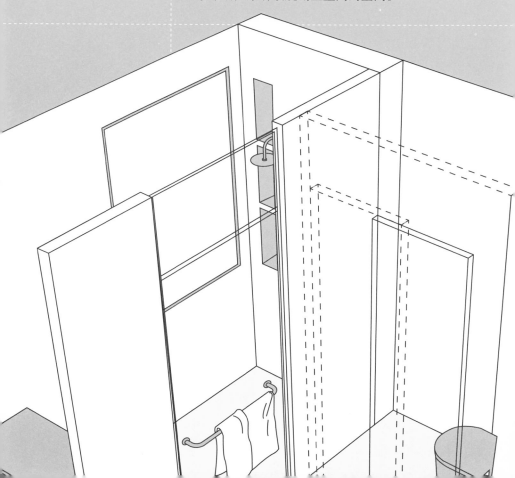

1. 洗脸区的适宜尺寸

（1）单盆洗脸区

使用起来比较舒适的单盆洗脸区的最小尺寸为宽 90cm、深 98cm。洗脸台的常见安装方式有台上盆、台下盆和一体盆三种。

① 洗脸区的最小宽度为 90cm

② 洗脸区的最小深度为 98cm

③ 洗脸台的深度为 53~66cm

④ 洗脸台的高度为 80~85cm

⑤ 化妆镜底端离地面至少 130cm

⑥ 洗脸台前要留出 45cm 以上的距离

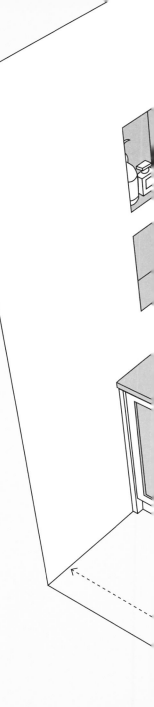

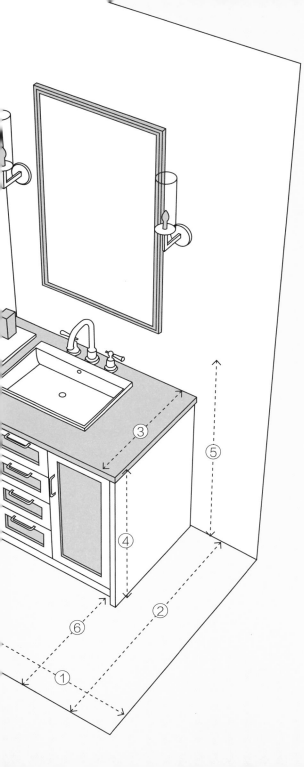

洗脸台的常见安装方式

洗脸台的常见安装方式有台上盆、台下盆和一体盆三种。台上盆比较美观，但是容易溅水，清洁死角比较多；台下盆清洁起来比较方便，但是接缝处的胶容易老化、发霉；一体盆由整块陶瓷或人造石制成，没有接缝，不易发霉，但是价格较高。

台上盆

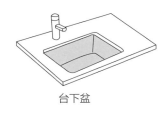

台下盆

一体盆

（2）双盆洗脸区

双盆洗脸区的两个台盆之间的距离最好在 35cm 以上，这样可以保证两个人同时使用台盆而不会感到拥挤。

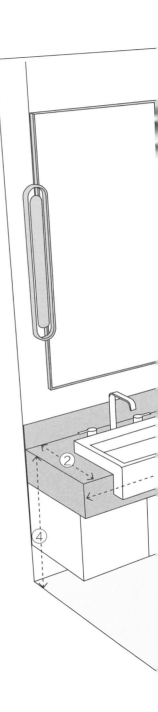

① 双盆洗脸区的宽度为 120cm

② 洗脸台的深度为 60cm

③ 双盆之间的距离最好在 35cm 以上

④ 洗脸台的高度为 80~85cm

⑤ 洗脸台前要留出 45cm 以上的距离

从外凸镜柜取物更方便

在安装镜柜时，需注意人到镜柜的距离不要太远。洗脸台的深度为 60cm，如果镜柜嵌入墙中，深度为 15cm，那么从镜柜中拿取物品的距离就有 60~75cm，这就需要身体前倾才能拿到，小孩或老人拿取时则会更加困难，所以建议做外凸镜柜，这样人到镜柜的距离为 45~60cm。

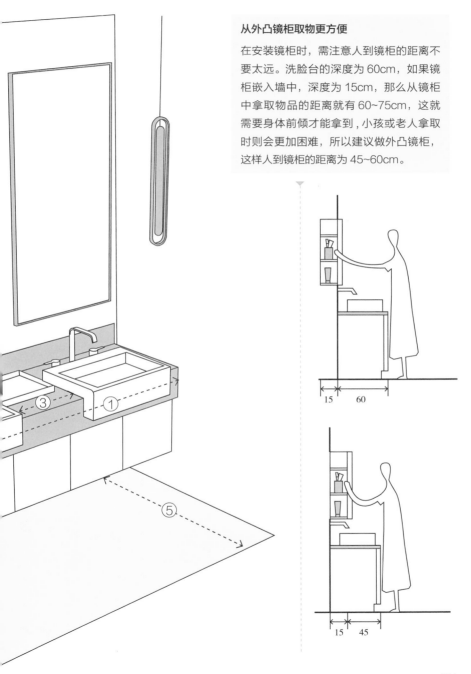

2. 马桶区的最小尺寸

使用起来比较舒适的马桶区，最小尺寸为深130cm、宽90cm。马桶前需要进行起身等活动，所以要留出60cm以上的距离。

马桶的座高和长度

马桶的座高一般为35~40cm，坐起来较舒服。马桶的长度一般为70cm。马桶前方要留出60cm以上的距离，以便进行起身等活动。

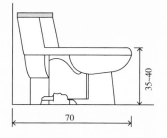

马桶的宽度

马桶的宽度一般为40~50cm。马桶两侧要各留出至少20cm的边距，以方便活动。

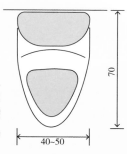

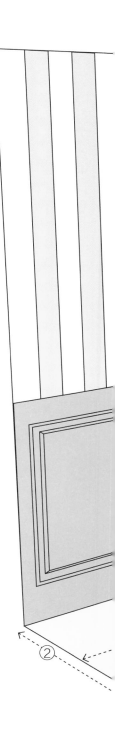

① 马桶区的最小深度为 130cm

② 马桶区的最小宽度为 90cm

③ 马桶的长度为 70cm

④ 马桶的宽度为 40~50cm

⑤ 马桶的座高为 35~40cm

⑥ 马桶两侧要各留出至少20cm
的边距

⑦ 马桶前要留出 60cm 以上的
距离

⑧ 手纸盒的高度一般为 75cm

3. 淋浴区的最小尺寸

淋浴区包括淋浴间和换衣服等的活动空间，最小尺寸为深
160cm、宽 90cm，空间比较紧凑，但能满足淋浴的基本需求。

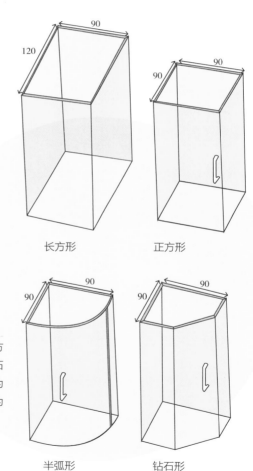

长方形　　　　　正方形

淋浴间的最小尺寸

淋浴间的形状主要有长方
形、正方形、半弧形和钻石
形。建议它们的最小尺寸为
90cm×90cm，适宜尺寸为
100cm×100cm。

半弧形　　　　　钻石形

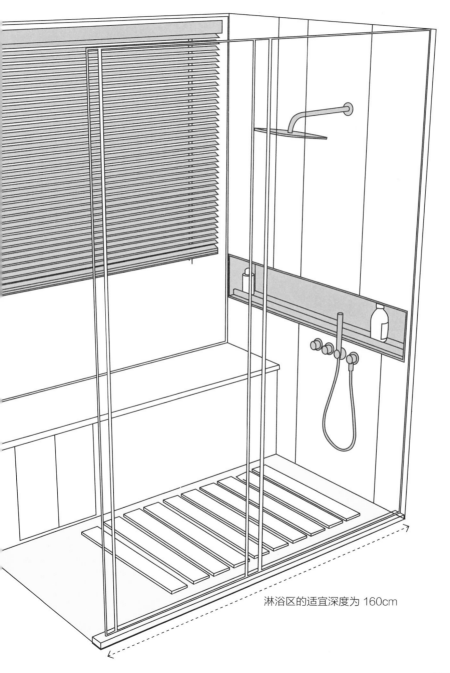

淋浴区的适宜深度为 160cm

4. 瘦长形卫生间更适合一体式布局或干湿分离布局

（1）瘦长形卫生间的一体式布局

卫生间的进深大于开间，就是我们常说的瘦长形卫生间。对于它来说，设计洗脸区、马桶区和淋浴区三分离的布局并不合适，只能考虑一体式布局或干湿分离布局，其中一体式布局的最小尺寸为 270cm × 160cm。

① 瘦长形卫生间的进深为 270cm

② 瘦长形卫生间的开间为 160cm

③ 洗脸台的深度为 60cm

④ 洗脸台的高度为 80~85cm

⑤ 马桶的长度为 70cm

⑥ 马桶的宽度为 40~50cm

⑦ 马桶的座高为 35~40cm

⑧ 淋浴区的适宜深度为 130cm

⑨ 淋浴区的最小宽度为 90cm

⑩ 顶喷花洒的高度为 185~210cm

⑪ 马桶前要留出 90cm 以上的距离

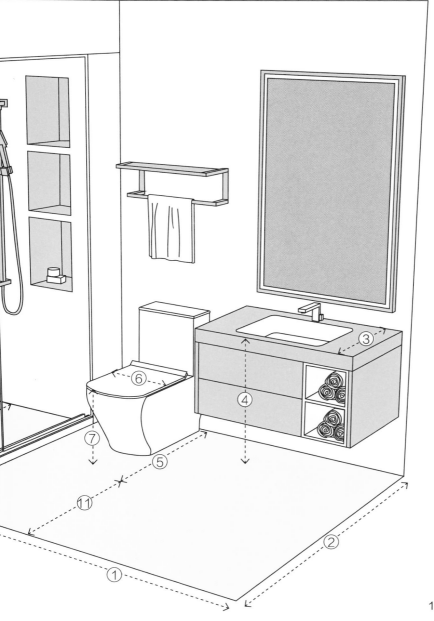

（2）瘦长形卫生间的干湿分离布局

如果家庭成员数量超过 3 人，那么可以考虑把瘦长形卫生间设计成干湿分离布局，也就是把洗脸区（干区）独立出来，这样内外两个区域就可以同时使用了。

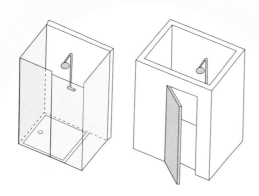

什么是干湿分离

干湿分离就是干湿两区分离，即将洗脸区（干区）与马桶区、淋浴区（湿区）进行独立划分。给淋浴间安装玻璃屏来隔离水汽并不能叫分离，空间能独立使用才叫分离。最简单的分离方法是在它们之间设置实体墙。

① 瘦长形卫生间的进深为 280cm

② 瘦长形卫生间的开间为 150cm

③ 洗脸区的宽度为 90cm

④ 洗脸台的深度为 60cm

⑤ 洗脸台的高度为 80~85cm

⑥ 马桶的长度为 70cm

⑦ 马桶的宽度为 40~50cm

⑧ 马桶的座高为 35~40cm

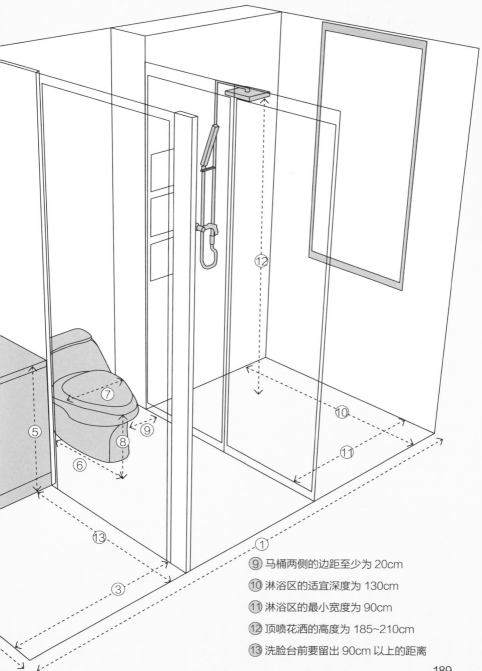

⑨ 马桶两侧的边距至少为 20cm

⑩ 淋浴区的适宜深度为 130cm

⑪ 淋浴区的最小宽度为 90cm

⑫ 顶喷花洒的高度为 185~210cm

⑬ 洗脸台前要留出 90cm 以上的距离

5. 扁长形卫生间更适合三分离布局

进深小于开间，卫生间呈扁长形，这种空间更适合采用三分离布局。洗脸区居中，马桶区和淋浴间位于洗脸区左右两侧，各自独立。

① 扁长形卫生间的开间为 290cm

② 扁长形卫生间的进深为 160cm

③ 洗脸区的宽度为 90cm

④ 洗脸台的深度为 60cm

⑤ 洗脸台的高度为 80~85cm

⑥ 马桶的长度为 70cm

⑦ 马桶的宽度为 40~50cm

⑧ 马桶的座高为 35~40cm

⑨ 马桶两侧的边距至少为 20cm

⑩ 淋浴区的最小宽度为 90cm

⑪ 顶喷花洒的高度为 185~210cm

⑫ 洗脸台前要留出 90cm 以上的距离

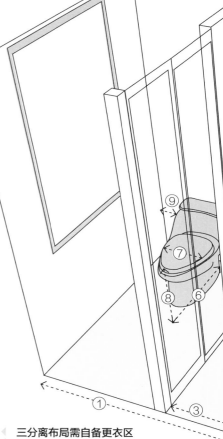

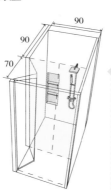

三分离布局需自备更衣区

在卫生间一体式布局或干湿分离布局中，可以将马桶区的空间作为更衣区，但是三分离布局的马桶区和淋浴区是分开的，所以需要设置最小为 70cm×90cm 的更衣区。

更衣区与淋浴区分隔

更衣区与淋浴区需要做好分隔，否则水会溅到衣服上。常见的分隔方式有四种。

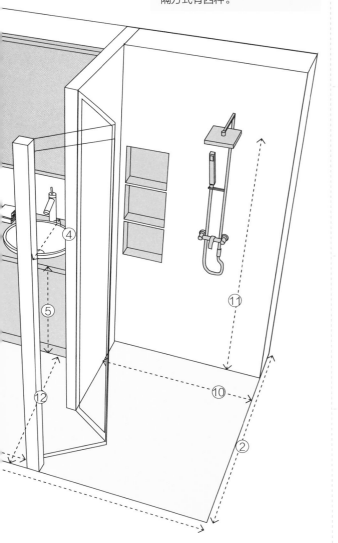

淋浴屏
防水效果好，但较占空间。

半片玻璃
不怎么占空间，但不能完全防溅水。

浴帘
价格实惠，但容易发霉。

隐形浴帘
价格实惠，但容易发霉。

6. 近方形卫生间做三分离布局的两种形式

（1）三件套三分离卫生间的最小尺寸为 190cm×250cm

如果卫生间的形状接近方形，并且进深小于 200cm，那么可以考虑将卫生间三件套（马桶、洗脸台和淋浴间）设计为三分离布局。

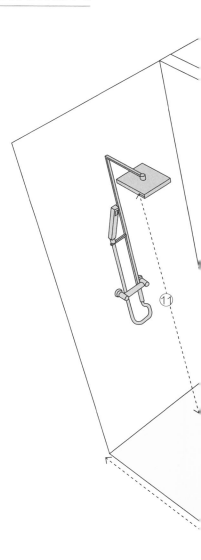

① 三件套三分离卫生间的开间为 250cm

② 三件套三分离卫生间的进深为 190cm

③ 洗脸区的宽度为 90cm

④ 洗脸台的深度为 60cm

⑤ 洗脸台的高度为 80~85cm

⑥ 马桶的长度为 70cm

⑦ 马桶的宽度为 40~50cm

⑧ 马桶的座高为 35~40cm

⑨ 马桶两侧的边距至少为 20cm

⑩ 淋浴区的最小宽度为 90cm

⑪ 顶喷花洒的高度为 185~210cm

⑫ 洗脸台前要留出 90cm 以上的距离

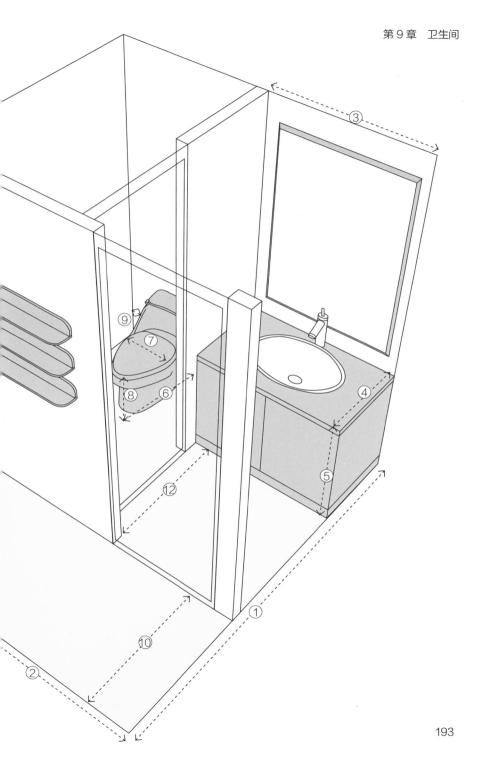

（2）四件套三分离卫生间的最小尺寸为 230cm×250cm

如果卫生间的形状接近方形，并且进深在 230cm 以上，可以考虑设计一个洗衣区，达到卫生间四件套标准。

① 四件套三分离卫生间的开间为 250cm

② 四件套三分离卫生间的进深为 230cm

③ 洗脸区的宽度为 130cm

④ 洗脸台的深度为 60cm

⑤ 洗脸台的高度为 80~85cm

⑥ 马桶的长度为 70cm

⑦ 马桶的宽度为 40~50cm

⑧ 马桶的座高为 35~40cm

⑨ 马桶两侧的边距至少为 20cm

⑩ 淋浴区的最小宽度为 90cm

⑪ 顶喷花洒的高度为 185~210cm

⑫ 洗脸台前要留出 90cm 以上的距离

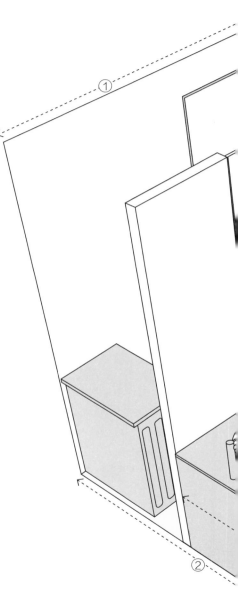

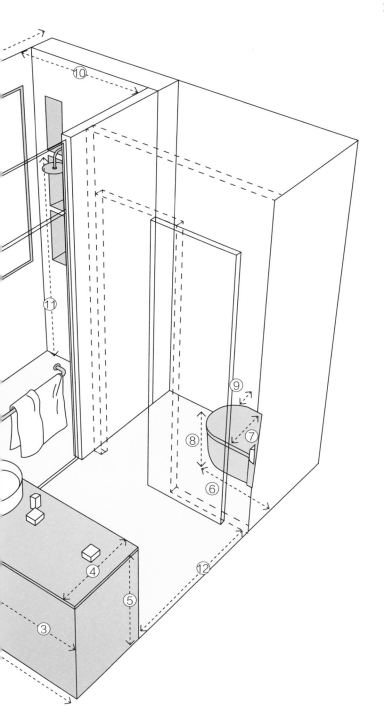

7. 近方形卫生间做一体式布局的两种形式

（1）一体式布局的最小尺寸为 180cm×190cm

一体式布局的最小尺寸为 180cm×190cm，整体布局是比较紧凑的。钻石形淋浴区最小尺寸为 90cm×90cm，洗脸台的宽度一般为 90cm。马桶左右两侧的边距一般为 20cm。

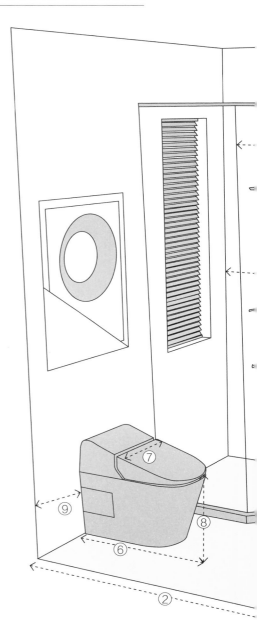

① 一体式卫生间的开间为 180cm

② 一体式卫生间的进深为 190cm

③ 洗脸台的宽度为 90cm

④ 洗脸台的深度为 60cm

⑤ 洗脸台的高度为 80~85cm

⑥ 马桶的长度为 70cm

⑦ 马桶的宽度为 40~50cm

⑧ 马桶的座高为 35~40cm

⑨ 马桶两侧的边距至少为 20cm

⑩ 钻石形淋浴区的宽度为 90cm

⑪ 钻石形淋浴区的门宽为 60cm

⑫ 顶喷花洒的高度为 185~210cm

⑬ 洗脸台前要留出 90cm 以上的距离

洗脸台前的距离

洗脸台前的最小距离为 45cm，保证有足够空间完成弯腰洗脸等活动；适宜距离为 60~75cm。立式洗脸盆与墙边的最小距离为 10cm。

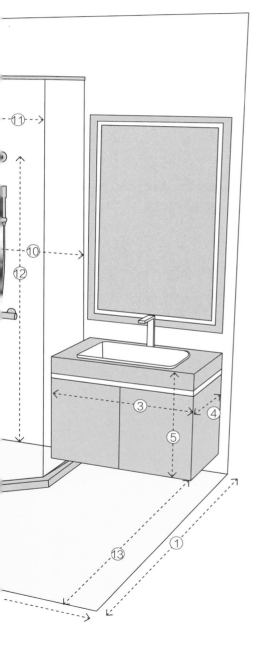

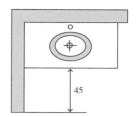

洗脸台前的最小距离为 45cm

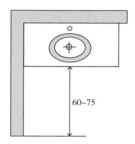

洗脸台前的适宜距离为 60~75cm

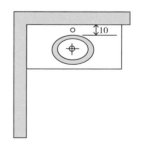

立式洗脸盆与墙边的最小距离为 10cm

（2）放得下浴桶或浴缸的 5m² 一体式布局

一般的浴桶或浴缸的高度为 60~75cm，宽度为 70~80cm，长度为 130~180cm。放得下浴桶或浴缸的近方形卫生间的一体式布局，进深一般为 230cm，开间一般为 220cm。

浴缸尺寸

浴缸种类较多，尺寸不同，但高度一般为 60~75cm。

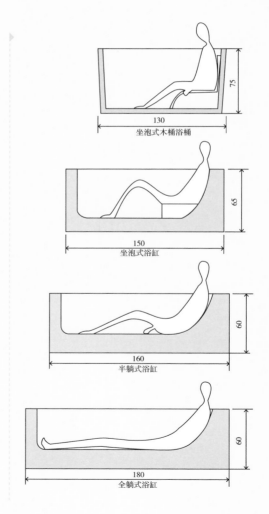

坐泡式木桶浴桶

坐泡式浴缸

半躺式浴缸

全躺式浴缸

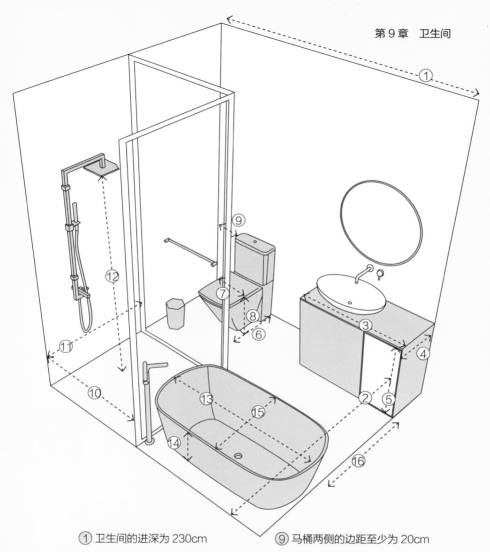

① 卫生间的进深为 230cm　　　⑨ 马桶两侧的边距至少为 20cm

② 卫生间的开间为 220cm　　　⑩ 淋浴区的适宜宽度为 90cm

③ 洗脸台的宽度为 90cm　　　　⑪ 淋浴区的最小深度为 90cm

④ 洗脸台的深度为 60cm　　　　⑫ 顶喷花洒的高度为 185~210cm

⑤ 洗脸台的高度为 80~85cm　　⑬ 浴缸的最小长度为 130cm

⑥ 马桶的长度为 70cm　　　　　⑭ 浴缸的高度为 60~75cm

⑦ 马桶的宽度为 40~50cm　　　⑮ 浴缸的宽度为 70~80cm

⑧ 马桶的座高为 35~40cm　　　⑯ 洗脸台前要留出 90cm 以上的距离

8. 洗脸台上方用 36°射灯或 60°筒灯

　　洗脸台上方需要安装灯具来照亮洗脸区。可以选择光束角为 36°的射灯，它能提供有层次感的明暗效果，使洗脸台显得格外漂亮；也可以选择光束角为 60°的筒灯，它能提供较均匀的光线。

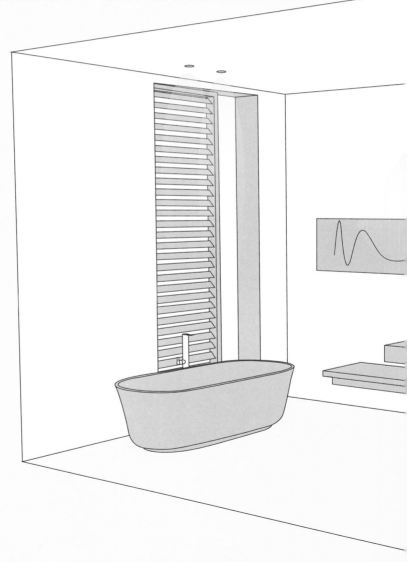

洗脸台上方使用筒灯与射灯的区别

洗脸台上方使用光束角为 60° 的筒灯

使用这种筒灯，基本不会产生面部阴影。但是，筒灯属于泛光类灯具，这可能会使洗脸台缺乏生机。

筒灯

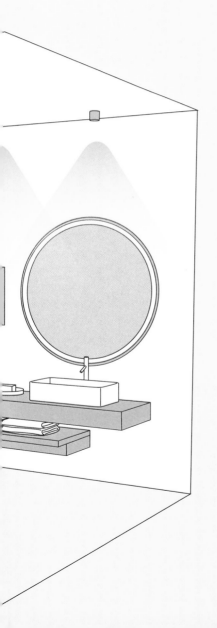

洗脸台上方使用光束角为 36° 的射灯

使用这种射灯，射灯的光线可以提供更好的视觉感官体验，使人的面部五官看起来更有立体感。不过，光束是竖直向下的，当人的面部横向补光不足时，可能会形成明显的面部阴影。

射灯

9. 在洗脸区用镜前灯补充光线，减少面部阴影

通常在洗脸区的天花板布置灯具，人站在镜子前时，头顶的光线照不到脸，面部会出现阴影，解决这个问题的方法就是安装镜前灯。镜前灯的显色指数达到95以上、辐射照度为300lx即可。

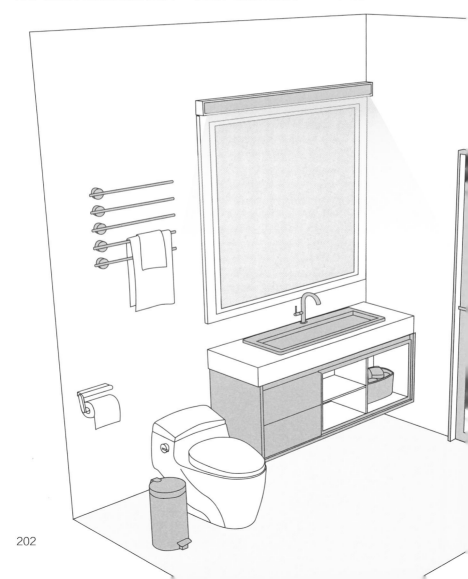

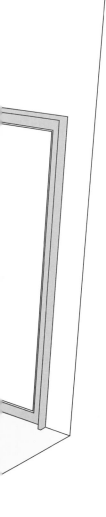

镜子两侧安装嵌入式灯具

优点：不容易产生眩光。可以选择自带镜前灯的镜子，灯具藏于镜子的两侧，不会凸出在镜面外。

缺点：如果洗脸台太大，镜子两侧发光带的间距过大或发光角度太小，光线可能只会照亮脸部两侧，而无法均匀照亮中间部分。

镜子下方安装镜前灯

优点：可以突出镜子周围的环境。

缺点：光源的亮度要足够，否则光线能到达面部的会非常少。

镜子上方安装镜前灯

优点：来自上方的均匀光线更符合自然光的投射方向，使洗脸台辐射照度充足。

缺点：可能存在眩光的问题。

10. 淋浴区筒灯的防水级别要达到 IP65

淋浴区可用 1~2 盏防水筒灯提供照明，筒灯出光均匀，比射灯更实用。注意，筒灯的防水级别要达到 IP65 才会安全。

用风暖浴霸照明替代筒灯

在淋浴区使用风暖浴霸是比较简单的布灯方法。大多数风暖浴霸自带照明灯，所以不需要用筒灯来照明。

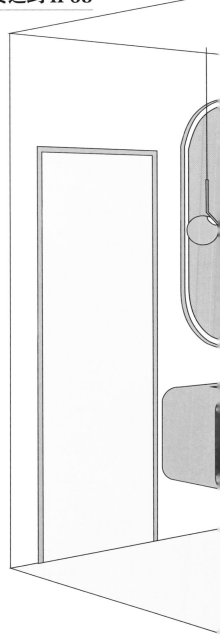

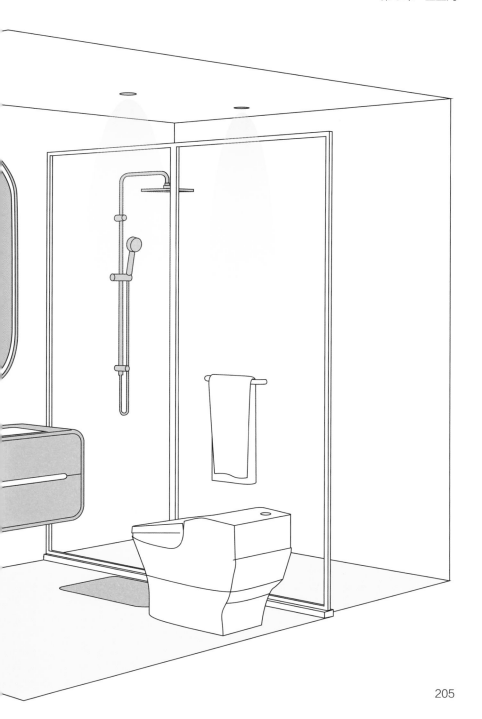

11. 马桶区的房顶射灯可安装在马桶前方或后方

马桶区的房顶射灯通常有两个安装位置，一个是在马桶前方安装一盏射灯，另一个是在马桶后方安装一盏射灯照亮墙面。

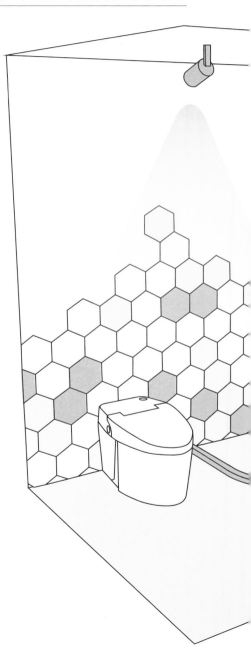

在马桶前方安装一盏射灯

这样做的好处是，马桶盖关闭时马桶比较美观，也能为马桶的细致清洁提供充足的照明。

不过，如果有坐便看手机的习惯，射灯的光线投向手机屏幕容易产生眩光，手机屏幕也会自动调节到最高亮度，对不喜欢高亮手机屏幕的人来说不太友好。

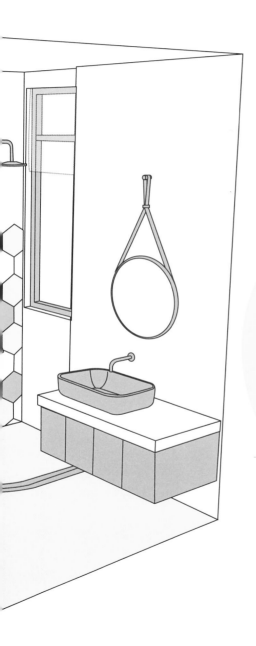

在马桶后方安装一盏射灯

这种情况下，可以在墙面上安装装饰物，射灯的光线作用于墙面，既能美化墙面，又能避免眩光，通过反射光也可照亮空间，即使坐在马桶上阅读光线也足够。

12. 卫生间插座可预留 6 个左右

卫生间的插座可以分区布置，洗脸区可以预留 1~2 个插座，高度为距台面 30cm，供吹风机等使用；马桶区可以在距地面 40cm 的位置为智能马桶预留 1 个插座；淋浴区要在距地面 200cm 的位置为电热水器预留 1 个 16A 插座；如果卫生间有洗衣机、烘干机，那么需要在距地面 130cm 的位置布置 2 个带开关的插座。

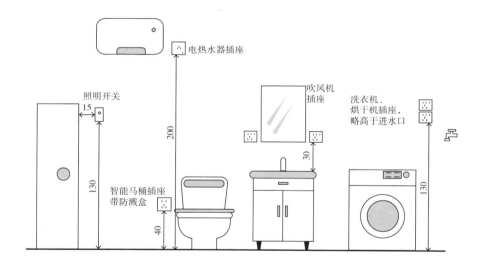

第 10 章

阳台

阳台可以分为生活阳台和景观阳台等。生活阳台一般是洗衣和晾晒衣物的地方，所以布局常涉及洗衣机、阳台柜的布置。景观阳台常用来喝茶、聊天、运动、观景等，所以布局侧重于休闲家具、吧台的摆放。本章对这两种类型的阳台布局分别进行了介绍，给出了它们的最小布置面积及阳台家具的尺寸，还针对灯具布置、电路设计给出了数据指导，希望能够帮助大家充分利用阳台空间。

1. 只放阳台柜的小面积生活阳台

生活阳台一般是洗衣和晾晒衣物的地方，如果阳台面积较小，可以只在一侧放置一个阳台柜，其深度一般为 60cm，宽度可以根据阳台的进深来确定。

① 阳台柜地柜的深度一般为 60cm

② 阳台的开间最小为 150cm，即阳台柜深度与通行距离之和

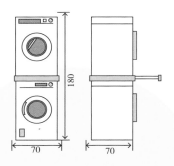

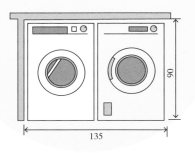

洗衣机和烘干机组合的摆放尺寸

如果洗衣机和烘干机上下叠放，那么柜体预留摆放尺寸至少为 70cm×70cm×180cm；如果并排摆放，那么预留摆放尺寸至少为 70cm×135cm×90cm。

洗衣机和烘干机的常规尺寸

洗衣机和烘干机的常规尺寸（深 × 宽 × 高）为 60cm×60cm×85cm，但在柜体摆放这些机器时，至少需要预留 70cm 的宽度，以确保机器的两侧有足够的空间用于散热。

滚筒洗衣机

壁挂式洗衣机

烘干机

（1）阳台进深只有100cm的阳台柜设计

生活阳台的进深只有100cm，可以靠一侧横墙布置阳台柜，上方做一组半吊柜，下方参考以下组合方式。

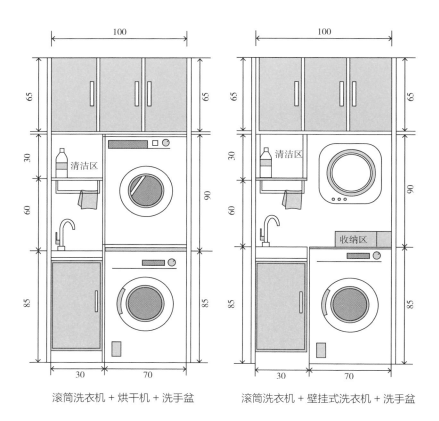

滚筒洗衣机 + 烘干机 + 洗手盆　　滚筒洗衣机 + 壁挂式洗衣机 + 洗手盆

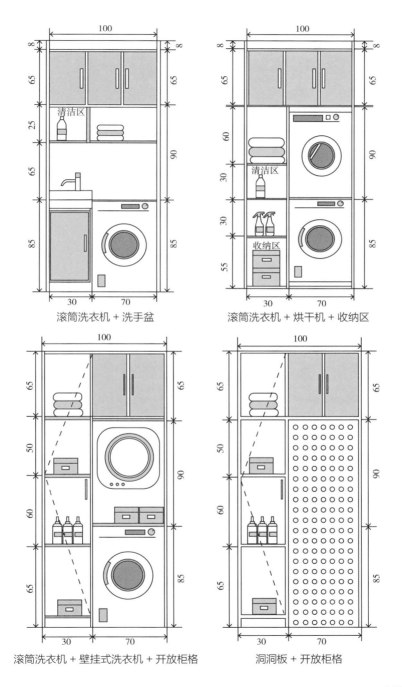

滚筒洗衣机 + 洗手盆

滚筒洗衣机 + 烘干机 + 收纳区

滚筒洗衣机 + 壁挂式洗衣机 + 开放柜格

洞洞板 + 开放柜格

（2）阳台进深为 120~150cm 的阳台柜设计

生活阳台的进深为 120~150cm，可以靠一侧横墙布置阳台柜，上方做两组吊柜，下方放洗衣机，或者另放烘干机，可以参考以下组合方式。

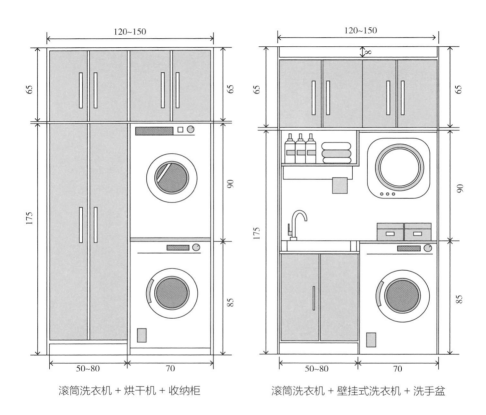

滚筒洗衣机 + 烘干机 + 收纳柜　　　　　滚筒洗衣机 + 壁挂式洗衣机 + 洗手盆

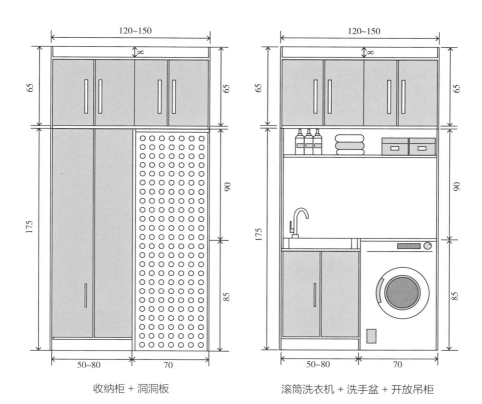

收纳柜 + 洞洞板　　　　　　滚筒洗衣机 + 洗手盆 + 开放吊柜

（3）阳台进深为 140~150cm 的阳台柜设计

生活阳台的进深为 140~150cm，已经有了足够的空间，可以根据需要自由配置各个区域。洗衣机和烘干机的摆放，可叠放也可并排放。

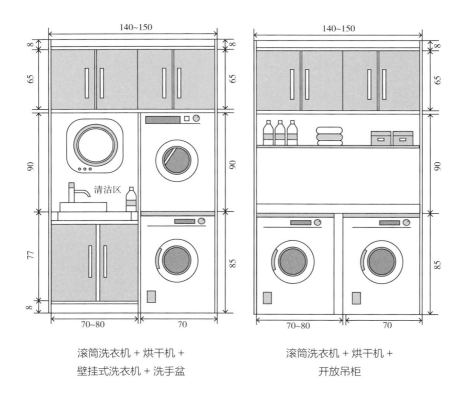

滚筒洗衣机 + 烘干机 +
壁挂式洗衣机 + 洗手盆

滚筒洗衣机 + 烘干机 +
开放吊柜

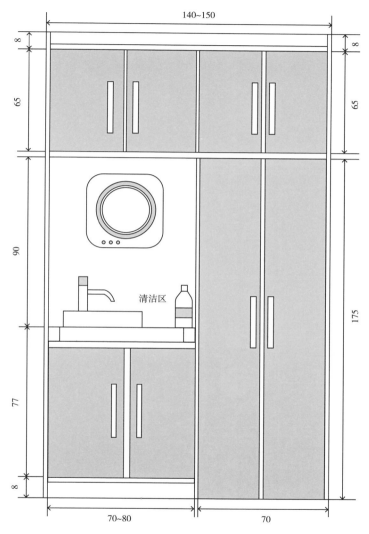

清洁区

壁挂式洗衣机 + 洗手盆 + 收纳柜

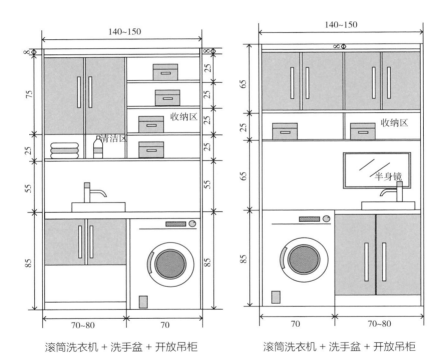

滚筒洗衣机 + 洗手盆 + 开放吊柜　　　　　　　滚筒洗衣机 + 洗手盆 + 开放吊柜

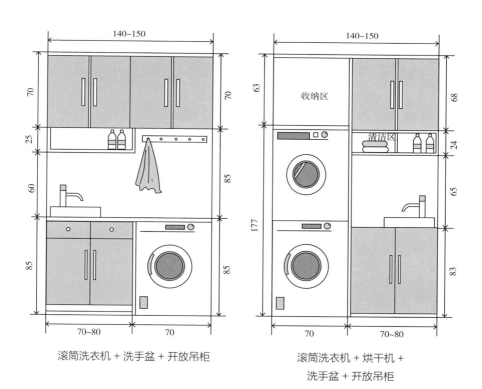

滚筒洗衣机 + 洗手盆 + 开放吊柜

滚筒洗衣机 + 烘干机 +
洗手盆 + 开放吊柜

（4）阳台进深为 160~170cm 的阳台柜设计

如果生活阳台的进深为 160~170cm，洗衣机和烘干机叠放，再加上水槽，是功能比较齐全的组合方案。不过洗衣机、烘干机和水槽也可以选择并排摆放。

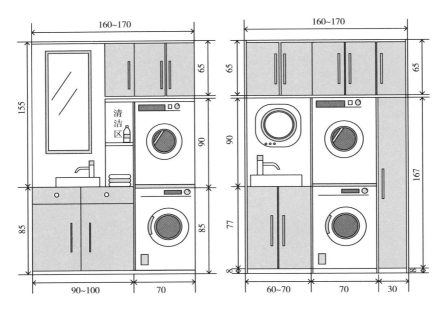

滚筒洗衣机 + 烘干机 + 洗手盆 + 收纳柜　　滚筒洗衣机 + 烘干机 + 壁挂式洗衣机 + 洗手盆 + 收纳柜

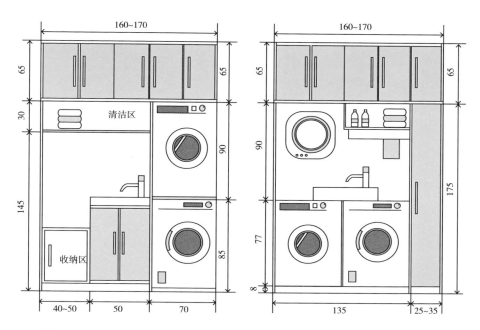

滚筒洗衣机 + 烘干机 + 洗手盆 + 开放吊柜

滚筒洗衣机 + 烘干机 +
壁挂式洗衣机 + 洗手盆 + 收纳柜

2. 可摆放吧台的景观阳台

（1）横向双人吧台

　　如果阳台的开间为 400~550cm，那么打造一个带小吧台的景观阳台是非常不错的选择。阳台的一侧放阳台柜，另一侧放深度为 35cm 的小酒柜，中间放一个双人座小吧台。

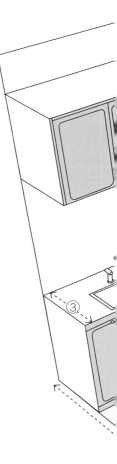

① 阳台的开间为 400~550cm

② 阳台的进深为 150cm

③ 阳台柜地柜的深度为 60cm

④ 阳台小酒柜的深度为 35cm

⑤ 双人座小吧台的长度为 180cm

⑥ 双人座小吧台的宽度为 40cm

（2）弧形吧台

如果阳台的开间为 400~550cm，那么可以设置一个弧形吧台，它可以把阳台分隔出一个相对独立的操作空间，允许一个人在烹制，同时另一个人坐在吧台旁与之聊天。

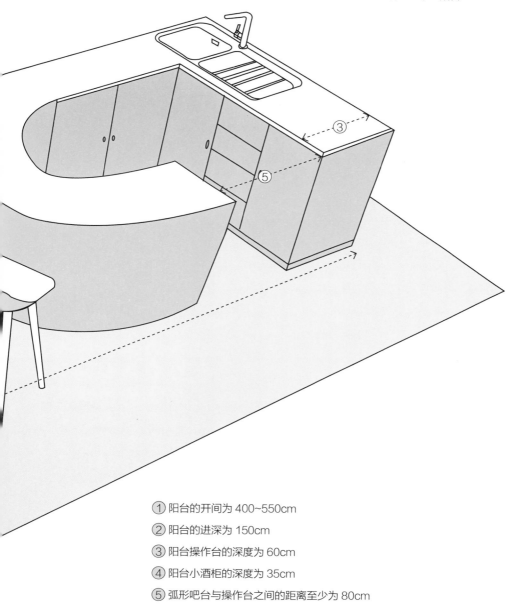

① 阳台的开间为 400~550cm

② 阳台的进深为 150cm

③ 阳台操作台的深度为 60cm

④ 阳台小酒柜的深度为 35cm

⑤ 弧形吧台与操作台之间的距离至少为 80cm

（3）小吧台＋休闲椅

在阳台上放一个单人沙发或秋千可以将其变成一个舒适的角落。另外，还可以放小圆桌或小吧台作为餐桌使用。

3. 加入书桌的办公阳台

如果家里没有独立的书房，阳台的开间又在270cm以上，那么可以利用阳台空间打造一个办公区。阳台的一侧放置阳台柜，地柜的深度为60cm；阳台的另一侧摆放书桌椅打造办公区，书桌的宽度为55~60cm。书桌和阳台柜地柜的间距至少为155cm，除了摆放椅子，还可用来通行、进行晾晒衣物等。

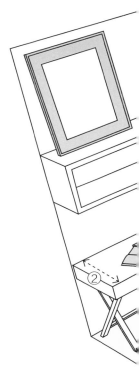

① 阳台柜地柜的深度为 60cm

② 书桌的宽度为 55~60cm

③ 书桌和阳台柜地柜的间距至少为 155cm

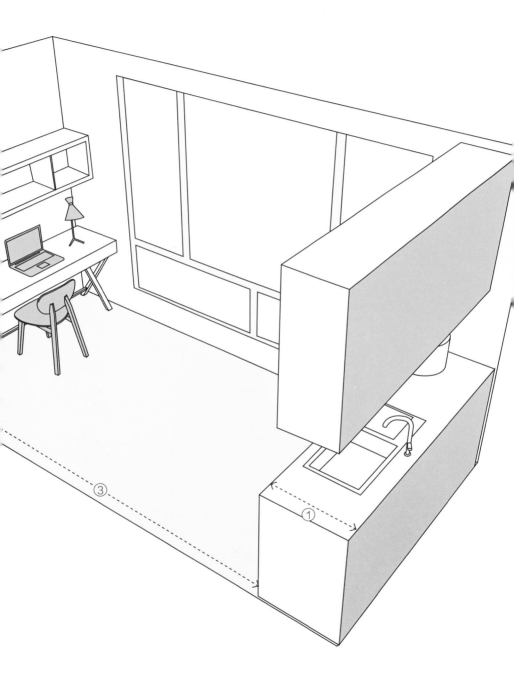

4. 阳台的照明设计

阳台的基础照明可以用筒灯提供，局部照明则可以使用窗帘盒照明，给人以比较明亮、温和的感觉。窗帘盒照明的出光方式，详见第 5 章第 10 节。

5. 阳台可以预留 2~3 个带防水罩的插座

　　阳台的灯具开关可以布置在入口一侧，离地 130cm 即可。考虑到可能会在阳台放置洗衣机和烘干机等家电设备，可以预留 2~3 个带防水罩的插座，安装高度一般距地 135cm。需要注意的是，洗衣机摆放区域的地面和后墙不建议铺设水电设施。一般下水管与地漏之间留出 60cm 以上的间距、与后墙留出至少 15cm 的间距。而洗衣机电源插座一般离地 55cm 左右。

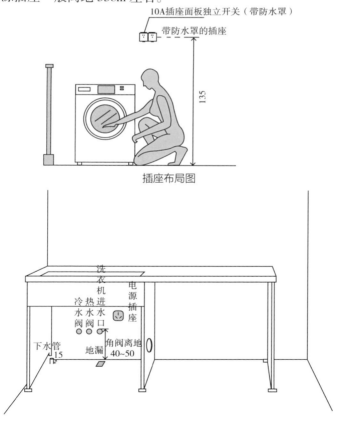

插座布局图

水电布局示意图

附录

住宅常见功能空间的布局方案及尺寸要求，可以参考以下文件。

GB 50096—2011《住宅设计规范》

JG/T 219—2017《住宅厨房家具及厨房设备模数系列》

GB/T 3326—2016《家具 桌、椅、凳类主要尺寸》

GB/T 3327—2016《家具 柜类主要尺寸》

GB/T 3328—2016《家具 床类主要尺寸》

GB 50034—2013《建筑照明设计标准》